新印象

NEW IMPRESSION

Unity 游戏开发实例教程

游戏项目实战 / 多样化功能模块 / AI 工具辅助

杜亚南 编著

人民邮电出版社
北京

图书在版编目（CIP）数据

新印象. Unity 游戏开发实例教程 / 杜亚南编著.
北京 ：人民邮电出版社, 2025. -- ISBN 978-7-115-64895-2

I. TP

中国国家版本馆 CIP 数据核字第 2024XZ1374 号

内 容 提 要

本书是专为想要学习游戏开发方法和获取开发经验的开发者或爱好者量身定制的游戏项目开发指南，目的是通过项目案例帮助初涉足 Unity 开发领域的读者深入掌握游戏项目的制作流程和方法。

全书不仅系统阐述游戏开发流程，还详细解析如何运用 Unity 的多样化功能模块构建各种类型的游戏。书中精选了 4 个具有典型特征且在技术层面涵盖 Unity 基本技术的游戏项目，包括 2D 消除类游戏、3D 防守类游戏、派对类网络游戏和第三人称角色动作游戏。项目案例所采用的技术手段均遵循"按需选择技术"的准则，即仅在特定游戏功能实现阶段选择相应的技术和工具，每个项目都聚焦于不同的技术要点和重点内容。除此之外，本书还介绍如何利用生成式人工智能进行游戏的创作与开发的方法。

随书资源中有完整项目实现的视频教程，展示每一个项目从初始构思到最终成品的整个制作流程。读者在按照书中指导完成项目的过程中，如果遇到疑难或不解之处，可以观看在线教学视频来排查和纠正问题。另外，随书资源中还包含所有项目所需的素材和资源文件。

本书适合作为高校和培训机构的教学用书，也适合作为想要深入研究 Unity 的人员的参考书。书中的项目基于 Unity 2023 编写，所涉及的技术均为 Unity 的常用开发技术，对软件版本要求不高，读者学习时可不受版本限制。

◆ 编　著　杜亚南
　　责任编辑　杨　璐
　　责任印制　陈　犇

◆ 人民邮电出版社出版发行　北京市丰台区成寿寺路 11 号
　邮编　100164　电子邮件　315@ptpress.com.cn
　网址　https://www.ptpress.com.cn
　北京宝隆世纪印刷有限公司印刷

◆ 开本：787×1092　1/16
　印张：18.25　　　　　　　　2025 年 1 月第 1 版
　字数：545 千字　　　　　　2025 年 1 月北京第 1 次印刷

定价：119.00 元

读者服务热线：(010)81055410　印装质量热线：(010)81055316
反盗版热线：(010)81055315
广告经营许可证：京东市监广登字 20170147 号

前言

  Unity游戏引擎以其兼容多平台而闻名，这个特性使开发者能够轻松创建适用于Windows、macOS、Linux、WebGL、iOS、Android、PlayStation、Xbox、Wii、Nintendo 3D和Nintendo Switch等多个平台的游戏与应用。Unity不仅支持2D与3D游戏开发，还扩展到增强现实（AR）、虚拟现实（VR）等领域，并在建筑可视化、机械可视化等交互式工具中得到广泛应用。

  Unity游戏引擎已升级至2023版本，新增了中文语言支持，尽管如此，中文版的Unity教程资源依旧稀缺。笔者曾于两年前编写并出版了《新印象：Unity 2020游戏开发基础与实战》，深入浅出地介绍了Unity的相关知识与技术应用，是适合初学者的教程，赢得了广大读者的好评。基于此，笔者决定编写一本新的中文版Unity项目教程，旨在帮助掌握了Unity基础但未能独立完成游戏开发的读者开辟新的学习路径。

  本书包含4个游戏项目，具体如下。

  项目一：2D消除类游戏。这是本书唯一的2D游戏项目，选取了市场上热门的卡牌消除游戏作为案例。本项目不仅介绍了基础开发技巧，还简要介绍了生成式人工智能（AI）工具，以助读者深入了解2D游戏开发和AI技术。

  项目二：3D防守类游戏。作为本书的首个3D游戏项目，重点介绍了常用的3D开发技术。通过学习本项目，读者将能够熟练掌握Unity的核心技术，并具备开发其他3D单机游戏的能力。

  项目三：基于元宇宙概念的派对类网络游戏。本项目运用了网络通信技术，并选择了当前流行的派对类游戏作为开发案例。在掌握本项目后，读者将对派对游戏的制作有更深入的理解，并能够独立编写各种派对游戏，同时对网络通信技术也有所认识。

  项目四：大型第三人称角色动作游戏。本项目提供了一个完整的动作游戏开发案例，内容涵盖连击系统、拖尾效果、轻功动作、任务系统、剧情设计、背包管理及过场动画等多个方面。在技术实现方面，本项目采用了新的、易用的技术，例如简化版状态模式和新版输入控制系统，以便适配多种输入设备。结合前3个项目的技术积累，读者将完全有能力独立制作属于自己的游戏。

目录

第1篇 2D消除类游戏 009

第1章 游戏开发与AI 010

1.1 AI绘图 010
1.1.1 Midjourney 010
1.1.2 Stable Diffusion 011

1.2 AI音乐 013
1.2.1 Mubert 013
1.2.2 Soundraw 014

1.2.3 Soundful 016

1.3 AI建模与交互 018
1.3.1 Shap-E 018
1.3.2 Meshy 019
1.3.3 ChatGPT 020

第2章 基础2D案例：消了个消 021

2.1 游戏策划 021
2.1.1 玩法内容 021
2.1.2 实现路径 021

2.2 制作卡牌 022
2.2.1 创建卡牌 022
2.2.2 游戏逻辑 024

2.3 制作卡槽 027
2.3.1 创建卡槽UI 027
2.3.2 创建卡槽逻辑 029

2.4 接入AI 033
2.4.1 AI背景音乐 033
2.4.2 AI卡牌图像 034

第2篇 3D防守类游戏 035

第3章 基础3D案例：保卫家园 036

3.1 游戏策划 036
3.1.1 游戏背景 036

3.1.2 玩法内容 036
3.1.3 实现路径 037

3.2 创建项目 040
3.2.1 渲染管线 040
3.2.2 地形系统 041

3.3 游戏主角 043
3.3.1 创建主角 043
3.3.2 动画控制器 043

3.4 音乐与音效 047
3.4.1 声音管理器 047
3.4.2 导入声音 049

3.5 标签与鼠标 050
3.5.1 物体标签 050
3.5.2 鼠标样式 050

第4章 逻辑与状态 053

4.1 寻路系统 053
4.1.1 网格烘焙 053
4.1.2 导航代理 054

4.2 游戏界面 054
4.2.1 头像血条 054
4.2.2 漂浮文本 057

4.3 玩家属性 060
4.3.1 玩家脚本 060
4.3.2 敌人脚本 063

4.4 状态模式 064
4.4.1 创建状态模式 064
4.4.2 站立状态 065
4.4.3 移动状态 067
4.4.4 死亡状态 071
4.4.5 攻击状态 072
4.4.6 技能状态 073
4.4.7 完善与测试 077

4.5 基地与镜头 079
4.5.1 镜头跟随 079
4.5.2 游戏基地 080

4.6 完善敌人 082
4.6.1 敌人逻辑 082
4.6.2 敌人孵化器 090

第3篇 派对类网络游戏 093

第5章 元宇宙网络游戏：多人跑酷 094

5.1 元宇宙 094
5.1.1 元宇宙概念 094

目录

5.1.2 元宇宙游戏 095
5.2 游戏策划 **095**
  5.2.1 游戏背景 095
  5.2.2 玩法内容 096
  5.2.3 实现路径 096
5.3 创建项目 **098**
  5.3.1 导入场景 098
  5.3.2 空中走廊 098
5.4 功能区域 **099**
  5.4.1 检查点 099
  5.4.2 死亡区 101
  5.4.3 跳跃区 102

5.4.4 变速区 103
5.5 关卡策划 **105**
  5.5.1 关卡设置 105
  5.5.2 关卡UI 106
  5.5.3 难度曲线 108
5.6 关卡制作 **109**
  5.6.1 第1关 109
  5.6.2 第2关 110
  5.6.3 第3关 110
  5.6.4 第4关 110
  5.6.5 第5关 111

第6章 联网与通信 112

6.1 网络通信 **112**
  6.1.1 Socket套接字 112
  6.1.2 Socket通信示例 114
6.2 数据格式 **118**
  6.2.1 轻量数据格式JSON 118
  6.2.2 JSON格式化示例 119
6.3 服务端与客户端 **124**
  6.3.1 服务端通信 124
  6.3.2 客户端通信 131
6.4 注册与登录 **134**
  6.4.1 UI制作 134

  6.4.2 客户端逻辑实现 135
  6.4.3 服务端逻辑实现 141
6.5 数据同步 **144**
  6.5.1 帧同步与状态同步 144
  6.5.2 同步角色信息 144
6.6 创建角色 **147**
  6.6.1 动画编辑 147
  6.6.2 主角逻辑 148
6.7 敌人客户端 **153**
  6.7.1 敌人逻辑 153
  6.7.2 游戏完善 154

第4篇 第三人称角色动作游戏 159

第7章 动作探险游戏 160

7.1 游戏策划 160
7.1.1 游戏背景 160
7.1.2 玩法内容 160
7.1.3 实现路径 161

7.2 创建项目 164
7.2.1 导入场景 164
7.2.2 导入主角 164

7.3 输入系统 166
7.3.1 输入设备与系统 166
7.3.2 绑定双设备按键 167
7.3.3 输入管理器 171

7.4 摄像机与LOD优化 173
7.4.1 LOD优化 173
7.4.2 摄像机控制 176

第8章 主角动作状态 177

8.1 主角设置 177
8.1.1 主角动画 177
8.1.2 动作后摇 181

8.2 武器设置 183
8.2.1 装备武器 183
8.2.2 武器拖尾 185

8.3 动作状态 186
8.3.1 角色站立 186
8.3.2 角色移动 188
8.3.3 角色跳跃 190
8.3.4 轻功与翅膀 192
8.3.5 交互与交互物 194
8.3.6 受击状态 196
8.3.7 死亡状态 200
8.3.8 重攻击 201
8.3.9 连续攻击一段 204
8.3.10 连续攻击二段 206
8.3.11 连续攻击三段 208

第9章 游戏界面 211

9.1 启动与加载 211
9.1.1 启动场景 211
9.1.2 启动界面 212
9.1.3 异步加载游戏 215

目录

9.2 角色界面 218
9.2.1 角色功能 218
9.2.2 角色信息 222
9.3 漂浮文字 227
9.3.1 滚动公告 227
9.3.2 伤害漂浮文本 231
9.4 对话界面和信息界面 234
9.4.1 对话界面 234
9.4.2 信息界面 236

第10章 内容与剧情 240

10.1 物品背包 240
10.1.1 物品系统 240
10.1.2 背包系统 242
10.2 剧情任务 245
10.2.1 任务NPC 245
10.2.2 任务基类 246
10.2.3 任务一 247
10.2.4 任务二 250
10.2.5 任务三 251
10.3 敌人制作 253
10.3.1 史莱姆制作 253
10.3.2 敌人孵化器 258
10.4 过场动画 262
10.4.1 时间轴 262
10.4.2 动画制作 264
10.5 完善游戏 271
10.5.1 风暴龙 271
10.5.2 攻击逻辑 274
10.5.3 流程验证 291

第 1 篇 2D消除类游戏

■ 学习目的

　　AI技术的兴起为游戏开发带来了便利,尤其是对于独立游戏开发者来说,Unity推出的Unity Muse等AI工具使得开发者更容易使用AI。本章将介绍一些实用的AI工具,并指导读者制作一款2D卡牌消除类游戏,该游戏简单有趣,适合新手。游戏开发中将使用Unity2D的Sprite和UGUI等技术,强调了布局和物理碰撞判断的重要性。完成本游戏后,读者将掌握Unity操作和UI使用的方法,为制作更多类型的卡牌游戏打下基础。

第1章 游戏开发与AI

随着人工智能的迅猛发展,AI创作近年来取得了显著的进步。以前需要耗费大量人工时间的创作工作,如今可以便捷地借助AI来完成。对于游戏开发者,特别是独立游戏开发者而言,现在正是一个令人兴奋的时代。他们将各种素材的制作任务交给AI来进行,从而能够专注于设计。本章将简要介绍一些在当前游戏开发中非常有用的AI技术。

1.1 AI绘图

小萌：飞羽老师,好久不见！我来参加第2次的学习了,太开心了,上次学习让我掌握了Unity的基本使用,这次的主要内容是什么啊？

飞羽：哈哈,这次咱们就要使用上次学习的基本知识开发游戏项目,掌握后可以尝试开发自己喜欢的游戏,在开发中查缺补漏,就可以真正地进行独立游戏的开发了！

小萌：太好了,不过独立游戏感觉不是很好做,制作独立游戏还需要找其他人制作模型、图片、音乐等,时间花费太大了。

飞羽：在这个时代,AI已经很厉害了,如果你是起步阶段,AI可以为你制作所需的图片、音乐这些游戏素材。

1.1.1 Midjourney

在开始探索Midjourney之前,简要了解一下AI绘图。AI绘图是人工智能的一个应用领域,在近年来取得了显著的发展。它备受关注的原因有两个,一个是其技术逐渐成熟,另一个是使用成本相对较低。这使得AI绘图成为解决各行各业不同图像需求的重要工具。

对于游戏开发者来说,AI绘图有着广泛的应用。它可以帮助我们创造游戏中所需的图像素材,也可以用于设计游戏图标和宣传画。这让游戏开发者,特别是独立游戏开发者,无须再过多依赖外部资源。

Midjourney是一款人工智能生成图像的工具。它不断进行深度学习训练,借助大量各种类型的图像数据,并根据用户提供的文本进行特征分析和对比,生成全新的图像作品。对于使用者而言,不需要深入了解复杂的底层技术,只需掌握如何使用这个工具来生成所需图像的方法即可。Midjourney的使用十分简单,只需要在官网通过Discord登录即可,如图1-1所示。

图1-1

成功登录后,只需用文字详细描述,即可生成相应的图像。示例如图1-2~图1-5所示。

图1-2

图1-3

图1-4

图1-5

可以观察到,生成的各种类型的图像的质量都不错。由于该工具是基于在线平台的图像生成的,因此无须进行本地环境部署,也不会对计算机配置有任何特殊要求。注意,如果追求生成更高质量的图像,可能需要订阅付费服务,以获得更优质的使用体验。

1.1.2　Stable Diffusion

Stable Diffusion是一个深度学习AI图像工具,采用了潜在扩散模型,不仅支持通过文本生成图像,还可以使用图像生成新的图像,同时还支持内部绘制和外部绘制等多种应用场景。与Midjourney不同的是,Stable Diffusion是完全免费的,并且需要进行本地部署,因此对计算机硬件有一定要求。

这些特点使Stable Diffusion成为了一个功能强大且开放的图像生成工具,适用于各种创作和实验需求。Stable Diffusion的使用需要先在本地进行较为烦琐的环境配置,笔者推荐使用GitHub中的stable-diffusion-webui项目。该项目将Stable Diffusion的部署与使用都进行了简化,按照说明即可进行部署,部署成功后就可以通过浏览器在本地计算机上进行图像生成的操作了。项目示例如图1-6所示。

图1-6

这里使用Stable Diffusion生成几张示例图像，如图1-7~图1-10所示。

图1-7

图1-8

图1-9

图1-10

1.2 AI音乐

 小萌：太惊人了，没想到现在AI已经能做出这么优秀的图像了。

没错，发展很快吧？在未来一定会更加厉害。那么除了图像，音乐也是必不可少的，接下来再分享3个AI音乐生成工具。 飞羽

1.2.1 Mubert

Mubert是一个便利的在线AI音乐生成平台，类似于前面提到的AI绘图，只需在官方网站上输入音乐需求的文本描述，Mubert就能生成高质量的音乐。访问Mubert官方网站后，只需单击Generate a track now按钮，即可开始创作音乐作品，如图1-11所示。

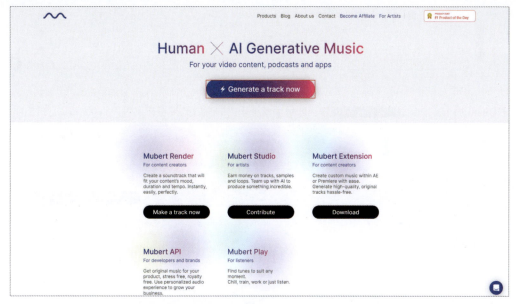

图1-11

01 在打开的页面的Enter prompt文本框中输入所需音乐的关键字，如图1-12所示。

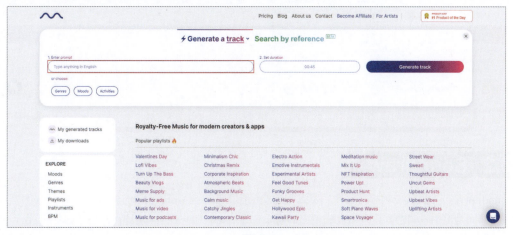

图1-12

02 如果不知道如何描述自己需要的音乐，可以单击输入框下方的Genres、Moods、Activities，在弹出的面板中选择需要的音乐关键字即可，如图1-13所示。

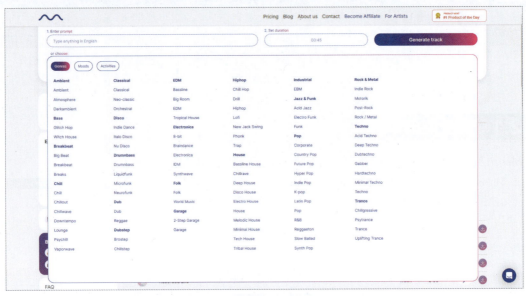

图1-13

03 单击Generate track按钮，即可生成音乐，试听后觉得不错便可以直接下载，如图1-14所示。

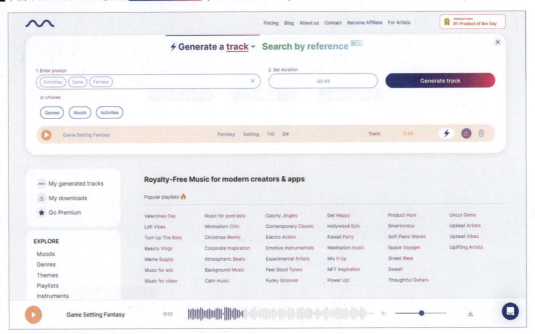

图1-14

1.2.2 Soundraw

　　Soundraw是一款在线音频编辑平台，可以为游戏创作配乐。与Mubert不同，Soundraw不是基于关键词生成音乐的，而是根据不同的音乐风格生成相应的音乐，然后允许用户试听和编辑，以满足用户对音乐效果的需求。这个平台为音乐创作提供了更多的编辑自由和创意空间。

01 这里尝试生成一个音乐片段。打开Soundraw官网，单击Generate now按钮 ，进入生成页面，如图1-15所示。

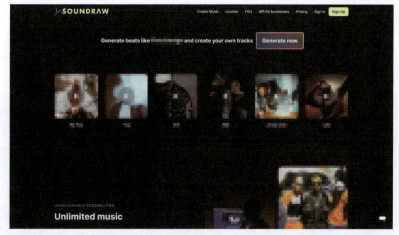

图1-15

02 选择想要的音乐的长度与节奏，然后选择一个音乐主题风格，如图1-16所示。在结果页面中可以看到生成了很多音乐，如图1-17所示。

图1-16　　　　　　　　　　　　　　　　图1-17

03 单击音乐片段可以展开音乐详情，这时可以对音乐的每个部分进行鼓点与节奏等内容的设置，如图1-18所示。试听满意后可以下载音乐。

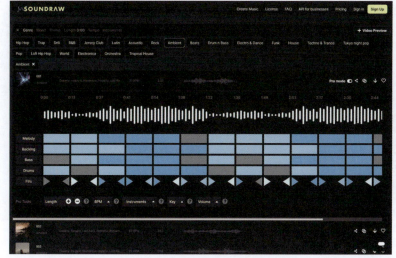

图1-18

1.2.3 Soundful

Soundful同样是一款能够一键生成音乐的人工智能网站，其使用方式与Soundraw非常相似。

01 进入官网，单击START FOR FREE按钮 START FOR FREE ，如图1-19所示。

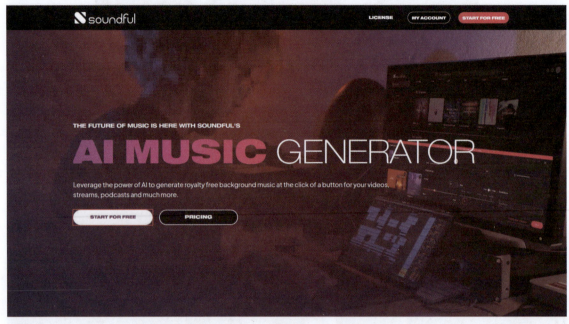

图1-19

02 在打开的页面中选择一个音乐主题，即可播放该音乐，如图1-20所示。

图1-20

第1篇　2D消除类游戏

03 单击右下角的红色按钮 ⊕，打开扇形选择区，选择Similar选项，如图1-21所示。打开设置区域，在这里可以对音乐进行各种设置，如图1-22所示。试听满意后下载相应的音乐即可。

图1-21

图1-22

1.3 AI建模与交互

小萌: 没想到除了绘图，AI还能在音乐领域做出这么厉害的作品。

如果做一款2D游戏，绘图与音乐工作都可以交给AI解决。如果制作3D游戏，建模便是一个很大的问题，接下来看看AI是怎么解决建模问题的。

飞羽

1.3.1 Shap-E

如果尝试使用AI创建模型，那么可以考虑使用开源产品Shap-E。该产品能够通过文本或图片生成3D模型。读者可以在GitHub上搜索该项目，并将其部署到本地计算机上，如图1-23所示。

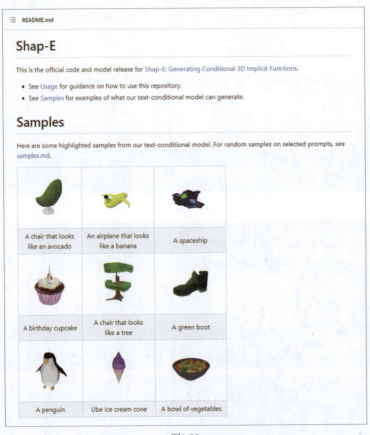

图1-23

目前Shap-E生成的模型相对比较简单。笔者生成了几个模型供读者查看效果，如图1-24~图1-27所示。

图1-24　　　　　　　图1-25　　　　　　　图1-26　　　　　　　图1-27

1.3.2 Meshy

Meshy能够根据提供的文本或图像生成相应的模型,并为这些模型生成纹理贴图。对于游戏开发而言,这款工具非常实用。笔者尝试生成几个模型,效果如图1-28~图1-30所示。

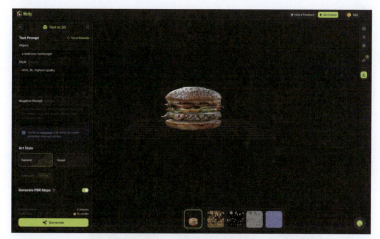

图1-28

图1-29

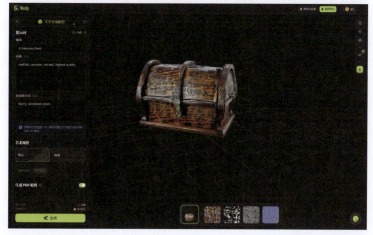

图1-30

1.3.3 ChatGPT

ChatGPT是一个人工智能聊天互动机器人，主要通过文本方式与用户进行交互。与其他聊天机器人不同的是，ChatGPT不仅可以进行常规的自然语言对话，还可以执行各种复杂任务，例如生成各种文章和编写代码。由于该产品备受关注且具有独特性，因此许多国内外大型公司纷纷推出了类似的产品，例如New Bing和文心一言等。

要使用ChatGPT，只需打开官方网站、登录账号并输入需求即可，例如需要让它编写一首关于兔子的儿歌，如图1-31所示。

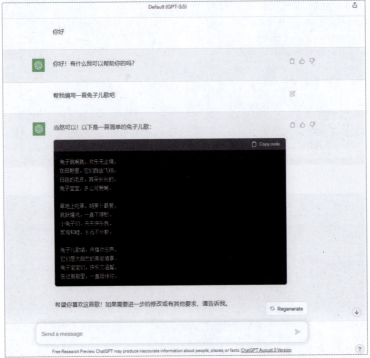

图1-31

因ChatGPT十分智能，所以也可以将其接入到游戏开发中。我们需要先在其官网申请API keys，如图1-32所示。

图1-32

接下来只需按照官方文档的指导，就能够轻松地将人工智能集成到游戏编程中，以开发出具备人工智能特性的游戏。例如，要设计与非玩家角色（NPC）进行对话，在以往的游戏设计中，这些对话通常都是静态且难以改变的，如果将NPC与人工智能技术相结合，就能够实现玩家与NPC进行多样化的互动对话，从而大大增强游戏的交互性。这种方法有助于创造出更加生动和逼真的NPC，进而丰富游戏的体验。

第2章 基础2D案例：消了个消

无论游戏领域如何发展，3D游戏和2D游戏各自都具有独特的魅力，它们彼此是不能相互替代的。本章将制作一款基础的2D游戏，以学习Unity在2D游戏开发中的基础知识。

2.1 游戏策划

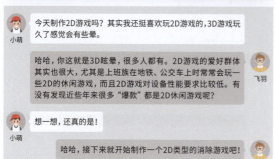

2.1.1 玩法内容

这是一款经典的消除类卡牌游戏。游戏区域主要包括上部的卡牌区域和下部的卡槽区域。游戏开始后，卡牌区域会随机生成多层卡牌。玩家可以单击任意上层卡牌（如果下层卡牌被遮挡，则不可单击），将该卡牌移动到下部的卡槽区域。卡槽区域最多容纳7张卡牌，超过7张时，游戏失败。当卡槽中包含连续3张相同的卡牌时，这3张卡牌将被删除。如果卡牌区域中的所有卡牌都被消除了，则游戏成功。

该游戏具有较强的扩展性，可以在后期扩展卡牌数量、种类、层数、随机性、消除方式、技能和时间等游戏内容。

2.1.2 实现路径

下面展示本游戏的实现路径。

1.实现步骤

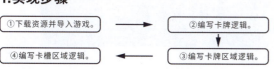

2.按键一览

本游戏的操作按键及功能介绍如表2-1所示。

表2-1

按键	功能
鼠标左键	单击卡牌，卡牌进入卡槽

3.卡牌一览

本游戏的卡牌如表2-2所示。

表2-2

卡牌	样式
样式1	
样式2	
样式3	
样式4	
样式5	

2.2 制作卡牌

小萌：制作2D游戏时创建的项目一定要是2D项目吗？

飞羽：不一定。即使创建了3D项目，也只需要设置一下灯光与摄像机的参数，就可以将其作为2D项目来使用。这里直接创建2D项目，并开始制作卡牌。

2.2.1 创建卡牌

对于当前的游戏来说，核心是卡牌，因此需要制作卡牌，然后才能编写游戏逻辑。现在需要获取卡牌的图像资源，为此可以创建一个新的2D游戏项目。

01 执行"窗口>资产商店"菜单命令，在资产商店中下载并导入Free emojis pixel art资源，如图2-1所示。为了确保制作时使用的资源版本与本书一致，读者可以直接从本书提供的资源中导入该资源。

02 导入资源后找到"项目"面板中的Arlan Trindade/Free emojis pixel art/emojis-x4-128x128文件夹，将资源重命名为Resources，将文件夹中的E2图片拖曳到"层级"面板中，并重命名为Item，如图2-2所示。

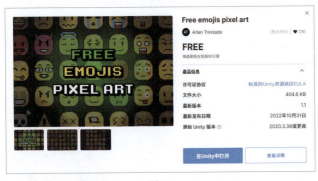
图2-1

图2-2

03 为Item图片实现卡牌的功能，并将其制作为预设体。在"项目"面板中单击"加号"按钮，选择"C#脚本"，创建一个脚本，将其重命名为ItemControl，然后将其挂载到Item图片上，并添加一个Box Collider 2D组件，如图2-3所示。

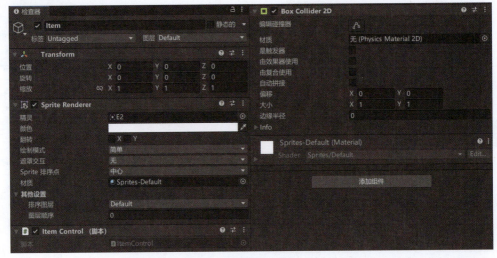
图2-3

04 双击打开ItemControl脚本,编写代码。根据代码可以判断卡牌具有的基本功能。首先,它能够加载不同的图像;其次,它支持玩家进行单击操作;最后,它能够判断当前卡牌是上层卡牌还是被下层遮挡的卡牌。通过这样的设计制作卡牌,制作完成后可以在"层级"面板中将Item拖曳到"项目"面板中,制作成预设体,然后删除"层级"面板中的Item,这样就得到了一个真正具有卡牌功能的预设体。

```csharp
using System.Collections;
using System.Collections.Generic;
using UnityEngine;
using System;

public class ItemControl : MonoBehaviour
{
    // 精灵组件
    private SpriteRenderer sprite;
    // 碰撞组件
    private Collider2D itemCollider;
    // 图像名称
    [HideInInspector]
    public string imageName;
    // 单击回调
    public Action<ItemControl> handler;

    void Awake()
    {
        // 获取碰撞组件
        itemCollider = GetComponent<Collider2D>();
        // 获取精灵组件
        sprite = GetComponent<SpriteRenderer>();
    }

    // 通过图像名称加载图像,并设置当前卡牌在第几层
    public void LoadImage(string name, int layer = 0)
    {
        // 保存图像名称
        imageName = name;
        // 加载精灵
        sprite.sprite = Resources.Load<Sprite>(name);
        // 设置卡牌层级,这里直接使用精灵层级作为卡牌层级
        sprite.sortingOrder = layer;
    }

    // 检查当前卡牌是否被上层的卡牌遮挡,也就是检查当前卡牌是上层卡牌还是下层卡牌
    public void Check()
    {
        // 关闭自己的碰撞,防止通过碰撞找上层卡牌遮挡时找到自己
```

```csharp
        itemCollider.enabled = false;
        // 检测当前卡牌位置有没有其他卡牌
        Collider2D res = Physics2D.OverlapBox(transform.position, new Vector2(1.28f, 1.28f), 0);
        // 如果当前卡牌位置存在其他卡牌,并且层级在当前卡牌之上
        if (res != null && res.GetComponent<SpriteRenderer>().sortingOrder > sprite.sortingOrder)
        {
            // 当前卡牌在下层,设置当前卡牌不显示
            sprite.color = Color.black;
        }
        else
        {
            // 当前卡牌在上层,设置卡牌显示
            sprite.color = Color.white;
        }
        // 恢复自己的碰撞
        itemCollider.enabled = true;
    }

    // 卡牌单击事件
    private void OnMouseDown()
    {
        // 如果设置了回调
        if (handler != null)
        {
            // 调用回调
            handler(this);
        }
    }
}
```

2.2.2 游戏逻辑

游戏的逻辑相当简单,即需要通过循环和卡牌预设体来生成一个真实的游戏场景。这个场景包含两层卡牌:上层的卡牌允许玩家单击;下层的卡牌则不支持玩家单击,并以黑色不可见的形式显示出来。

01 在"层级"面板中单击"加号"按钮➕,选择"创建空对象",创建一个空物体,并重命名为GameManager。在"项目"面板中单击"加号"按钮➕,选择"C#脚本",创建一个脚本,并重命名为GameManager,然后将其挂载到GameManager物体上,双击打开脚本,编写代码。

```csharp
using System.Collections;
using System.Collections.Generic;
using UnityEngine;

public class GameManager : MonoBehaviour
{
    // 根据自己的屏幕大小与分辨率修改各种数值参数
```

```csharp
// 关联卡牌预设体
public GameObject ItemPre;
// 起始卡牌位置 X
public float startX = -5.2f;
// 起始卡牌位置 Y
public float startY = 3;
// 有几列
public int width = 7;
// 有几行
public int height = 4;
// 空隙间隔
public float space = 0.5f;
// 使用的卡牌
private string[] names = { "E2", "E7", "E3", "E1", "E9" };
// 当前所有卡牌
private List<ItemControl> items = new List<ItemControl>();

void Start()
{
    // 创建第一层的卡牌
    for (int i = 0; i < height; i++)
    {
        for (int j = 0; j < width; j++)
        {
            // 计算每张卡牌 x 的位置
            float x = startX + j * (1.28f + space);
            // 计算每张卡牌 y 的位置
            float y = startY - i * (1.28f + space);
            // 创建一个卡牌
            var item = Instantiate(ItemPre, new Vector3(x, y, 0), Quaternion.identity);
            // 设置卡牌的父物体为当前物体
            item.transform.parent = transform;
            // 随机获取一个卡牌名称，因为这里是随机获取卡牌，所以不能保证卡牌的数量是3的倍数，这样游戏就很难通关，当然你也可以对每种表情单独进行随机，以保证每局游戏都可以通关
            string name = names[Random.Range(0, names.Length)];
            // 加载卡牌图像
            item.GetComponent<ItemControl>().LoadImage(name);
            // 将卡牌保存到数组中
            items.Add(item.GetComponent<ItemControl>());
        }
    }
    // 创建第二层的卡牌
    for (int i = 0; i < height; i++)
    {
        for (int j = 0; j < width; j++)
```

```
        {
            // 计算每张卡牌 x 的位置
            float x = startX + j * (1.28f + space);
            // 计算每张卡牌 y 的位置
            float y = startY + 0.4f - i * (1.28f + space);
            // 创建一个卡牌
            var item = Instantiate(ItemPre, new Vector3(x, y, 0), Quaternion.identity);
            // 设置卡牌的父物体为当前物体
            item.transform.parent = transform;
            // 随机获取一个卡牌名称
            string name = names[Random.Range(0, names.Length)];
            // 加载卡牌图像，并设置层级
            item.GetComponent<ItemControl>().LoadImage(name, 1);
            // 将卡牌保存到数组中
            items.Add(item.GetComponent<ItemControl>());
        }
    }
    // 遍历卡牌
    foreach (ItemControl item in items)
    {
        // 检查是否覆盖
        item.Check();
        // 设置卡牌单击事件
        item.handler = tmpItem =>
        {
            // 让卡牌进入卡槽，待做
        };
    }
}
```

02 运行游戏，可以看到随机卡牌出现，并且上层卡牌覆盖了下层卡牌，如图2-4所示。读者也可以尝试通过代码创建自己喜欢的布局样式与覆盖关系。

> **技巧提示** 为了效果统一，后续均在分辨率为1920像素×1080像素的游戏面板中进行游戏测试。

图2-4

2.3 制作卡槽

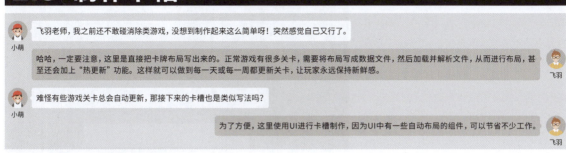

2.3.1 创建卡槽UI

本小节将使用UI来创建卡槽。如果想继续使用"精灵方式"来创建卡槽,也完全可以,即通过代码逻辑来控制卡槽中卡牌的位置即可。卡槽的制作非常简单,只需完成两个任务。一个是创建卡槽中的卡牌,卡牌只需要能够显示图像即可;另一个是创建卡槽逻辑,该逻辑需要判断卡槽中卡牌的数量,并具备消除卡牌的功能。

01 在"层级"面板中单击"加号"按钮,选择UI中的"面板",创建一个UI面板,并重命名为CardPanel,将其缩放到屏幕的中下区域,如图2-5所示。

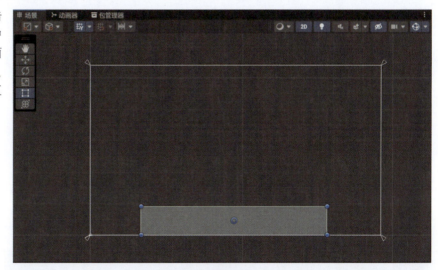

图2-5

02 为其添加一个Horizontal Layout Group组件,并取消勾选"子力扩展"选项中的"宽度"扩展,如图2-6所示。

图2-6

03 使用鼠标右键单击"层级"面板中的CardPanel,执行"UI>图像"菜单命令,创建一个图像并重命名为Card,设置"大小"为"方形"。将Card复制6份,保证7份的大小差不多可以填充满CardPanel,效果如图2-7所示。

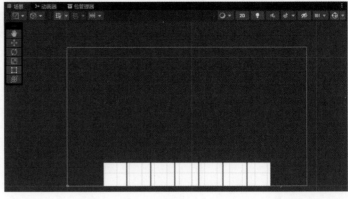

图2-7

04 保留第一个Card,删除其余6个,在"项目"面板中单击"加号"按钮,选择"C#脚本",创建一个脚本,并重命名为CardControl,然后将其挂载到Card物体上。双击打开脚本,编写代码。这样卡槽UI就制作完成了,将"层级"面板中的Card拖曳到"项目"面板中,并制作成预设体,然后删除"层级"面板中的Card即可。

```
using System;
using System.Collections;
using System.Collections.Generic;
using UnityEngine;
using UnityEngine.UI;

public class CardControl : MonoBehaviour
{
    // 卡牌名称
    [HideInInspector]
    public string cardName;
    // 图像
    private Image image;

    void Awake()
    {
        // 获取图像组件
        image = GetComponent<Image>();
    }

    // 加载卡牌
    public void Load(string name)
    {
        // 保存卡牌名称
        cardName = name;
        // 加载图像
        image.sprite = Resources.Load<Sprite>(name);
    }
}
```

2.3.2 创建卡槽逻辑

01 在"项目"面板中单击"加号"按钮➕，选择"C#脚本"，创建一个脚本，并重命名为CardManager，然后将其挂载到CardPanel物体上，双击打开脚本，编写代码。

```csharp
using System;
using System.Collections;
using System.Collections.Generic;
using UnityEngine;

public class CardManager : MonoBehaviour
{
    // 单例
    public static CardManager Instance;
    // 关联 Card 预设体
    public GameObject CardPre;
    // 卡牌保存数组
    private List<CardControl> cards = new List<CardControl>();

    private void Awake()
    {
        // 设置单例
        Instance = this;
    }

    // 卡槽中添加一张卡牌
    public void Add(string name)
    {
        // 实例化卡牌
        GameObject go = Instantiate(CardPre, transform);
        // 加载卡牌图像
        go.GetComponent<CardControl>().Load(name);
        // 添加到数组中
        cards.Add(go.GetComponent<CardControl>());
        // 如果超过 7 个
        if (cards.Count > 7)
        {
            // 打印游戏失败
            Debug.Log("游戏失败");
        }
        // 没有超过 7 个，并且卡牌有 3 张以上
        else if(cards.Count > 2)
        {
            // 只需要判断后 3 个，获取后 3 张卡牌
            List<CardControl> tmpList = cards.GetRange(cards.Count - 3, 3);
```

```csharp
            // 获取3张卡牌
            CardControl card1 = tmpList[0];
            CardControl card2 = tmpList[1];
            CardControl card3 = tmpList[2];
            // 如果3张卡牌名称相同
            if (card1.cardName == card2.cardName && card1.cardName == card3.cardName)
            {
                // 删除最后3张卡牌
                cards.RemoveRange(cards.Count - 3, 3);
                Destroy(card1.gameObject);
                Destroy(card2.gameObject);
                Destroy(card3.gameObject);
            }
        }
    }
}
```

02 为了实现"单击卡牌，加入卡槽"的功能，修改GameManager脚本的代码。

```csharp
using System.Collections;
using System.Collections.Generic;
using UnityEngine;

public class GameManager : MonoBehaviour
{
    // 根据自己的屏幕大小与分辨率修改各种数值参数
    // 关联卡牌预设体
    public GameObject ItemPre;
    // 起始卡牌位置X
    public float startX = -5.2f;
    // 起始卡牌位置Y
    public float startY = 3;
    // 有几列
    public int width = 7;
    // 有几行
    public int height = 4;
    // 空隙间隔
    public float space = 0.4f;
    // 使用的卡牌
    private string[] names = { "E2", "E7", "E3", "E1", "E9" };
    // 当前所有卡牌
    private List<ItemControl> items = new List<ItemControl>();

    void Start()
    {
        // 创建第一层的卡牌
        for (int i = 0; i < height; i++)
```

```csharp
            {
                for (int j = 0; j < width; j++)
                {
                    // 计算每张卡牌 x 的位置
                    float x = startX + j * (1.28f + space);
                    // 计算每张卡牌 y 的位置
                    float y = startY - i * (1.28f + space);
                    // 创建一个卡牌
                    var item = Instantiate(ItemPre, new Vector3(x, y, 0), Quaternion.identity);
                    // 设置卡牌的父物体为当前物体
                    item.transform.parent = transform;
                    // 随机获取一个卡牌名称，因为这里是随机获取卡牌，所以不能保证卡牌的数量是 3 的倍数，这样游戏就很难
通关，当然你也可以对每种表情单独进行随机，以保证每局游戏都可以通关
                    string name = names[Random.Range(0, names.Length)];
                    // 加载卡牌图像
                    item.GetComponent<ItemControl>().LoadImage(name);
                    // 将卡牌保存到数组中
                    items.Add(item.GetComponent<ItemControl>());
                }
            }
            // 创建第二层的卡牌
            for (int i = 0; i < height; i++)
            {
                for (int j = 0; j < width; j++)
                {
                    // 计算每张卡牌 x 的位置
                    float x = startX + j * (1.28f + space);
                    // 计算每张卡牌 y 的位置
                    float y = startY + 0.4f - i * (1.28f + space);
                    // 创建一个卡牌
                    var item = Instantiate(ItemPre, new Vector3(x, y, 0), Quaternion.identity);
                    // 设置卡牌的父物体为当前物体
                    item.transform.parent = transform;
                    // 随机获取一个卡牌名称
                    string name = names[Random.Range(0, names.Length)];
                    // 加载卡牌图像，并设置层级
                    item.GetComponent<ItemControl>().LoadImage(name, 1);
                    // 保存卡牌到数组中
                    items.Add(item.GetComponent<ItemControl>());
                }
            }
            // 遍历卡牌
            foreach (ItemControl item in items)
            {
                // 检查是否覆盖
```

```
    item.Check();
    // 设置卡牌单击事件
    item.handler = tmpItem =>
    {
      // 如果是底层卡牌，就禁止单击
      if (tmpItem.GetComponent<SpriteRenderer>().color == Color.black)
      {
        return;
      }
      // 进入卡槽
      CardManager.Instance.Add(tmpItem.imageName);
      // 删除卡牌
      items.Remove(tmpItem);
      Destroy(tmpItem.gameObject);
      // 稍等刷新卡牌覆盖关系
      Invoke("Refresh", 0.1f);
    };
  }
}

void Refresh()
{
  foreach (ItemControl item in items)
  {
    item.Check();
  }
}
```

03 现在主要游戏逻辑制作完成。开始游戏后会生成上下两层卡牌，单击卡牌后卡牌会进入卡槽，如图2-8所示。当卡槽中包含3个相同的卡牌时，就会销毁这3张卡牌，如图2-9所示。

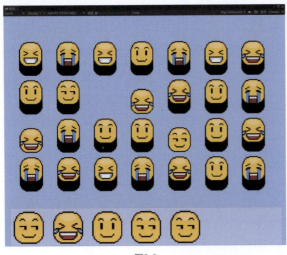

图2-8

图2-9

2.4 接入AI

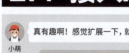

小萌：真有趣啊！感觉扩展一下，就拥有很多关卡了，游戏也完整了。

飞羽：是的，不过现在比较简单，可以尝试添加音乐并且修改一下卡牌图像。这里尝试一下使用AI，对于后续的相关内容，你也可以自己尝试使用AI。

2.4.1 AI背景音乐

01 使用Mubert制作游戏音乐。打开Mubert官网，在Enter prompt中选择好关键字后，单击Generate track按钮 `Generate track` ，生成音乐并下载，例如这里保存的音乐为game.wav，如图2-10所示。

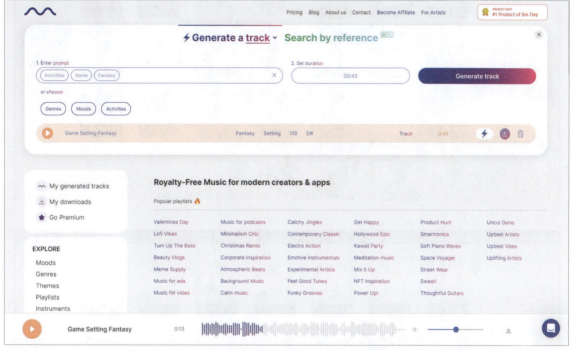

图2-10

02 在"层级"面板中单击"加号"按钮 **+** ，添加"音频"中的"音频源"，创建一个音频源物体，并重命名为AudioPlayer。在"检查器"面板中设置AudioClip为刚才从Mubert下载的音乐，如图2-11所示。运行游戏即可听到AI生成的音乐开始播放。

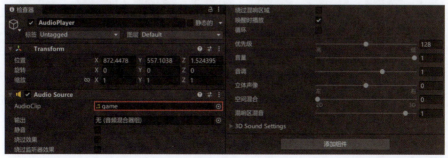

图2-11

2.4.2 AI卡牌图像

如果想改变卡牌的样式和风格，可以尝试使用Midjourney或Stable Diffusion生成的图像来制作卡牌。例如，使用Stable Diffusion生成了两种类型的卡牌图像。一种是写实画风的小狗图案，卡牌效果如图2-12所示；另一种是卡通画风的人物图案，卡牌效果如图2-13所示。

图2-12

图2-13

可以明显看到，这两种效果都比较好。借助人工智能技术能够轻松地创造出各种风格的游戏。

第 2 篇 3D防守类游戏

■ 学习目的

　　本篇将创建一个3D俯视角的防守游戏。开发过程中将运用多种技术，包括地形系统、单例模式声音管理器、自定义鼠标图形、导航系统、UGUI制作血条和文字漂浮效果、敌人孵化器以及状态模式编写角色逻辑。本游戏强调状态模式的重要性，并鼓励创新，包括设计独特地形、创造新敌人类型和BOSS、为玩家角色添加新攻击和技能。最后，通过简化实现状态模式，帮助读者理解状态模式的优势，掌握状态模式在角色制作中的应用方法。

第3章 基础3D案例：保卫家园

本章涵盖Unity编辑器的基本操作、物理系统、导航系统、动画系统、UI界面系统和音频播放系统等方面的内容。此外，本章还将尝试应用简单的状态模式来进行游戏开发，这将使读者的游戏开发技术更上一层楼。

3.1 游戏策划

小萌：飞羽老师，接下来是不是要开始制作3D游戏项目啦？

飞羽：没错，接下来将创作一款3D类型的防守游戏，目的是回顾Unity的基础知识。为了熟悉游戏开发的基本流程，会先编写简单的策划文档，然后根据文档进行游戏的开发。

小萌：策划文档很重要吗？

飞羽：当然重要！虽然策划文档一般属于策划师的工作，但是游戏开发者也要具备基本的游戏策划编写与观看能力。毕竟在做一款游戏之前，需要明确游戏的背景、平台、目标、流程、机制、营销等内容，这些内容都需要策划文档来进行说明。另外对于初学者来说，往往需要大量的游戏项目练习才能更熟练地使用Unity。部分初学者不知道如何练习，感觉基本的Unity技术都学会了，但是使用不起来，总感觉入不了门，不能将Unity运用自如。这时就需要编写简单的策划文档，然后做出对应的游戏，当练习量上来了，自然就能突破瓶颈了。

小萌：我就有这个感觉，原来是这么回事，那赶快开始吧！

3.1.1 游戏背景

在一个充满魔法的奇幻世界中，和平已经维持了两千年。在过去，这个世界中的人类和兽人是和平共存的，然而，兽人为了扩张领土入侵了人类的家园，最终被人类魔法师封印到了地底世界。

现在，两千年过去了，人类大预言家预言封印的力量正在减弱，兽人们即将冲破封印，威胁人类领土。作为为数不多的魔法师中的一员，主角已准备好捍卫家园！

3.1.2 玩法内容

这是一款策略性防守型RPG游戏。游戏开始后，兽人会从封印传送门逐个涌现，试图抵达人类领域核心。当有超过10个兽人进入人类领域核心时，游戏宣告失败。主角将面对兽人的威胁，它们会靠近主角并发动攻击，当主角死亡时，兽人就会侵入人类领域核心。玩家的目标是防御并击败所有入侵的兽人，通过巧妙的走位和攻击技能，持续清除场景中的兽人，防止其数量累积，以免游戏失败。

场景： 使用地形地图，地图上包含一些花草树木，主要游戏对象为人类领域核心与兽人传送门。

界面： 包含简单的人物血条、伤害漂移数字、胜负界面。

人类领域核心： 主角防守的主要对象，当超过10个兽人进入人类领域核心时，防守失败，游戏结束。

兽人： 一共会出来30只，攻击力会越来越强，兽人的目标优先是主角，当主角死亡后，兽人就会进攻人类领域核心。

主角： 会有普通攻击与技能，有等级机制。随着等级的提高，血量与伤害都会有所提升，人物的血量会随着时间推移而自动恢复。

扩展性：可以增加更多的技能。主角的攻击可以添加随机的暴击技能，可以添加更多类型的兽人，可以在兽人中添加多个血量较高并且会释放技能的BOSS。击败敌人时可掉落各种道具，地图上可以添加NPC与野怪。

除了上述内容，一般还可能会有游戏的特点、机制、任务、剧情、风格、目标人群、商业模式、开发周期、风险评估等各种内容。如果读者想开发一款独立游戏，就需要在各种方面提前考虑好，做足准备工作，才可以让游戏开发更加有目标、更加顺畅。

3.1.3 实现路径

本小节将介绍游戏的实现方式，主要包括实现步骤、操作按键、出场角色、动画片段和相关特效。

1.实现步骤

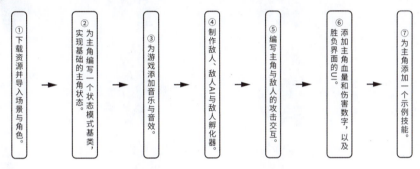

① 下载资源并导入场景与角色。 → ② 为主角编写一个状态模式基类，实现基础的主角状态。 → ③ 为游戏添加音乐与音效。 → ④ 制作敌人、敌人AI与敌人孵化器。 → ⑤ 编写主角与敌人的攻击交互。 → ⑥ 添加主角血量和伤害数字，以及胜负界面的UI。 → ⑦ 为主角添加一个示例技能。

2.操作按键

本游戏的操作按键及功能介绍如表3-1所示。

表3-1

按键	功能
鼠标右键	角色移动、普通攻击
Q	示例技能

3.出场角色

本游戏的出场角色及背景如表3-2所示。

表3-2

角色	形象
主角	
兽人	

4.动画片段

本游戏的动画片段如表3-3所示。

表3-3

角色	状态	动画		
主角	站立			
	移动			
	攻击1			
	攻击2			
	攻击3			
	技能			
	死亡			

表3-3（续）

角色	状态	动画		
兽人	站立	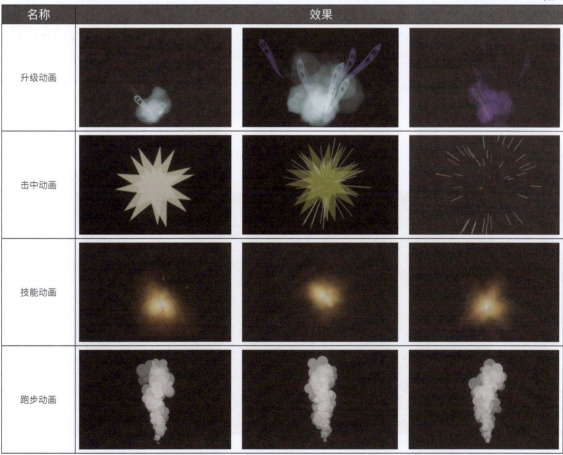		
	移动			
	攻击			

5.相关特效

本游戏的特效如表3-4所示。

表3-4

名称	效果		
升级动画			
击中动画			
技能动画			
跑步动画			

3.2 创建项目

 小萌：有了前面的铺垫，好像都能感觉到成品游戏的大概样貌了。

 飞羽：没错，所以不要凭空做游戏，一定要有一个目标，那接下来正式开始做游戏吧！

3.2.1 渲染管线

在开始创建游戏之前，先了解一下渲染管线是什么。在3D游戏的游戏世界中，所有元素都以三维形式出现，包括游戏场景、游戏角色和游戏特效等，它们都包含了各自的三维信息。然而，游戏设备的屏幕只能够显示二维图像，这带来了一个问题：如何将这些三维物体最终呈现为屏幕上的图像呢？

读者应该都熟悉Unity中的摄像机，即摄像机拍摄到的内容最终会显示在屏幕上。但实际上，摄像机只能够捕捉到一个三维立体区域，并且获取该区域中所有三维物体的信息。那么如何将这些信息展示在屏幕上呢？这需要经过一系列的加工过程，将摄像机捕捉到的内容最终转化成一张二维图像，然后才能在屏幕上显示。这个复杂的加工过程就是渲染管线。

不同的渲染管线可以理解为不同的加工过程，有些管线的加工效果较好，有些管线的加工效果差一些，有些性能好一些，有些性能则略差一些。如果读者想对渲染管线有深入的了解，可以尝试了解并学习一下计算机图形学的相关知识。

在创建Unity 3D项目的时候可以看到，有3种常用的3D模板，分别为"3D核心模板"、3D（URP）、3D（HDRP）。这3个模板对应了Unity提供的Build-in Render Pipeline（BIRP）、Universal Render Pipeline（URP）和High Definition Render Pipeline（HDRP）3个渲染管线。下面简单看一下3个渲染管线的区别。

BIRP：Unity使用了很久的内置渲染管线，各方面较为稳定，但是如果要进行渲染管线编程，则较为烦琐，并且自定义配置也极为有限。

URP：Unity新加入的可以快速进行自定义配置的轻量化、可编程的渲染管线。

HDRP：Unity新加入的可以在高端设备上进行高质量图形渲染的可编程渲染管线。

为了保证项目制作与本书展示内容的统一性，在创建本书3D项目的时候，尽量选择"3D核心模板"，然后设定"项目名称"与"位置"，接着创建项目即可，如图3-1所示。

图3-1

3.2.2 地形系统

在游戏制作中，出色的地形设计可以极大地提升游戏的视觉体验。当玩家在游戏中操控角色移动时，地形是他们随时都能看到的重要元素。因此，精美的地形和细节能够极大地增强游戏的视觉吸引力，使玩家更容易被游戏世界所吸引。接下来为这款游戏创建一个精美的地形。

01 在创建一个新的游戏项目时，可以执行"窗口>资产商店"菜单命令，然后在资产商店中下载并导入Environment Pack:Free Forest Sample，如图3-2所示。为了确保使用的资源版本与本书一致，读者可以直接从本书提供的资源中导入该资源。

02 完成资源导入后，可以在"项目"面板中双击Supercyan Free Forest Sample/Scenes/BrightDay，以打开示例场景。该场景的效果如图3-3所示。

图3-2

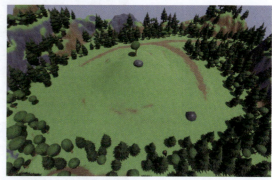

图3-3

03 场景的地形采用了Unity提供的地形系统，可以对其进行修改，以适合游戏的需要。在图3-3所示的效果中可以看到游戏场景中间的一大片空地，然而默认情况下，它的形状是一个凸起的山丘。为了进行修改，需要在"层级"面板中选择Terrain地形，并在"检查器"面板中依次选择"绘制地形"和Set Height(设置高度)，将"高度"设置为2。这里的高度并不是固定的，只是取地形较低处的高度数值。如果读者认为高度不合适，可以随时进行调整。注意，在游戏开发中要保持灵活性。最终设置如图3-4所示。

图3-4

04 在"场景"面板中按住鼠标左键，然后在地形上进行涂抹操作，如图3-5所示。通过涂抹可以将特定区域的高度调整为指定的高度。

05 将中间的凸起部分全部涂抹平整，并删除多余的石头。这里的石头是独立的游戏物体，只需要选中并按Delete键即可删除，如图3-6所示。

图3-5

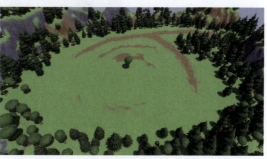

图3-6

06 选中"层级"面板中的Terrain地形,在该物体的"检查器"面板中选中Paint Texture(绘制纹理)选项,选择默认的草皮、沙地与石地,如图3-7所示,然后在场景中进行简单的纹理绘制。

07 选中"层级"面板中的Terrain地形,在该物体的"检查器"面板中选中"绘制树"功能,然后选中想要进行绘制的树木,调整合适的"笔刷大小"与"树密度",如图3-8所示,在场景中绘制一些树,让场景显得不那么突兀。

图3-7

图3-8

技巧提示 在使用地形系统绘制树木或细节的时候,可以按住Shift键并在地形上进行涂抹,即可删除多余的树木或细节。另外,绘制过程无须太过谨慎,可以多次尝试并使用各种方式去绘制场景,因为只有放手去做了,才能将工具运用得更加熟练。参考示例如图3-9所示。

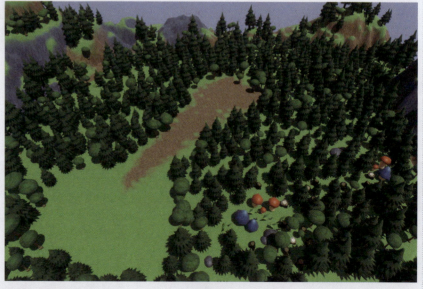

图3-9

注意,笔者使用了Unity 3D中提供的地形并进行修改。如果读者有兴趣,可以尝试从零开始,去创建一个自己喜欢的游戏地形。

3.3 游戏主角

 小萌：地形系统使用起来真的很方便，我还准备为场景添加更多元素，让场景更加好看！

 飞羽：嗯，示例中只使用了一个资源来创建地形，如果还想添加更多元素，可以去找更多的资源来进行添加，那时候场景就会非常好看。那么，接下来添加主角吧！

3.3.1 创建主角

01 创建一个新的游戏项目。执行"窗口>资产商店"菜单命令，在资产商店中下载并导入RPG Tiny Hero Duo PBR Polyart，如图3-10所示。为了保证制作案例时使用的资源版本与本书一致，读者可以直接从本书提供的资源中导入该资源。

02 在"项目"面板中选择RPG Tiny Hero Duo/Prefab/ MaleCharacterPBR，并将其拖曳到场景中，如图3-11所示。

图3-10

图3-11

03 为了方便识别，在"层级"面板中将MaleCharacterPBR重命名为Player，如图3-12所示。

图3-12

3.3.2 动画控制器

Animator（动画控制器）是Unity中一个至关重要的组件，用于管理和控制物体的动画。它能够高效地管理每个物体的多个动画，并实现平滑的动画过渡。此外，Animator还提供了许多有用的功能，例如动画事件和动画层，这些功能极大地简化了复杂游戏角色动画的创建过程。

01 在"层级"面板中选中Player，在"检查器"面板中可以看到玩家角色已经包含了一个Animator组件。要使动画正常工作，每个动画组件都需要与一个动画控制器文件相关联，所以可以看到组件上已经关联了一个动画"控制器"文件SwordAndShieldStance，如图3-13所示。

图3-13

02 双击SwordAndShieldStance，打开一个新的"动画器"面板，在该面板中可以对SwordAndShieldStance文件进行编辑。然后在该"动画器"面板中删除多余的动画，如图3-14所示。

03 在"项目"面板中，可以在RPG Tiny Hero Duo/Animation/SwordAndShield路径下看到人物模型资源已经自带了很多的动画，这里使用Idle_Normal_SwordAndShield作为角色的默认站立动画，InPlace/MoveFWD_Normal_InPlace_SwordAndShield作为角色的移动动画、Attack04_Spinning_SwordAndShield作为角色的技能动画、Die01_Stay_SwordAndShield作为角色的死亡动画。现在将这些动画拖曳到"动画器"面板中，如图3-15所示。

图3-14

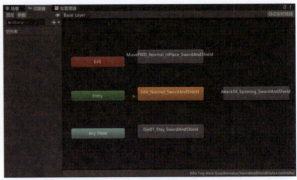
图3-15

04 为了更方便地辨识动画，这里选中Idle_Normal_SwordAndShield动画，如图3-16所示。

05 在"检查器"面板中修改选中动画的名称为Idle，如图3-17所示。

06 用同样的方法将"动画器"面板中的移动、技能、死亡动画分别命名为Move、Skill、Die，如图3-18所示。

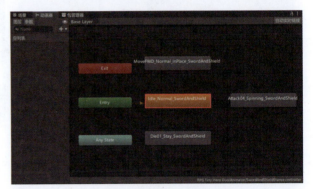
图3-16

图3-17

图3-18

> **技巧提示** 对于攻击动画而言，建议能够实现3种动画的随机播放，以避免游戏过程中产生视觉疲劳。那么如何实现随机效果呢？其实很简单，只需利用混合动画的功能即可。下面简单介绍一下动画混合树。
>
> 动画混合树是用来实现多个动画混合效果的工具。例如，如果有一个站立动画和一个跑步动画，可以通过混合树混合出一个介于站立和跑步之间的动画效果，同时还可以通过参数来控制混合动画的效果。但在这里，并不需要混合树来进行动画混合，而是要利用混合树来简单管理多个动画。

07 在"动画器"面板的空白区域单击鼠标右键,执行"创建状态>从新混合树"菜单命令。可以看到面板上多了一个新的动画状态Blend Tree,将其改名为Attack,如图3-19所示。

08 双击Attack进入混合树的编辑面板,在Blend Tree节点上单击鼠标右键,选择"添加运动"命令,如图3-20所示。用同样的方法再进行添加,一共添加3次,也就是需要使用3个攻击动作。

图3-19　　　　　　　　　　　　　　　图3-20

09 添加完成后,单击Blend Tree节点,在"检查器"面板中包含了两个重要的参数,一个是混合树所使用的参数,另一个就是混合树控制的动画列表。这里可以看到混合树使用的Parameter(默认参数)为浮点类型的Blend,Motion(动画)列表为"空列表"。单击"加号"按钮➕,添加3个攻击动画,如图3-21所示。

10 将RPG Tiny Hero Duo/Animation/SwordAndShield/Attack01_SwordAndShield/Attack01_SwordAndShield、RPG Tiny Hero Duo/Animation/SwordAndShield/Attack02_SwordAndShield/Attack02_SwordAndShield、RPG Tiny Hero Duo/Animation/SwordAndShield/Attack03_SwordAndShield/Attack03_SwordAndShield这3个动画添加到混合树中,如图3-22所示。

> **技巧提示** 混合树动画中有一个非常重要的参数,即Threshold,代表动画的播放权重。例如,混合树中有一个站立动画,其权重为0;另外还有一个跑步动画,其权重为1。如果当前混合树的Blend参数设置为0,那么混合树将播放站立动画;如果Blend参数设置为1,则混合树将播放跑步动画;如果当前混合树的Blend参数设置为0.5,则混合树将播放站立与跑步动画的融合效果。

图3-21　　　　　　　　　　　　　　　图3-22

11 前面3个动画片段的权重默认为0、0.5、1。这里为了容易使用,将自动设置参数数值的Automate Thresholds选项关闭,然后手动将3个动画的播放权重设置为0、1、2,这样就让权重范围扩大为0~2,如图3-23所示。

12 设置完混合树后,单击"动画器"面板上的Base Layer,回到上个界面,如图3-24所示。

图3-23　　　　　　　　　　　　　　　图3-24

13 接下来进行动画之间过渡的设置，依次进行以下操作，链接效果如图3-25所示。

操作步骤

- ①在"动画器"面板中选择Idle，然后单击鼠标右键选择"创建过渡"命令，再次单击Move，创建从站立到移动的过渡。
- ②在"动画器"面板中选择Move，然后单击鼠标右键，选择"创建过渡"命令，再次单击Idle，创建从移动到站立的过渡。
- ③在"动画器"面板中选择Idle，然后单击鼠标右键，选择"创建过渡"命令，再次单击Attack，创建从站立到攻击的过渡。
- ④在"动画器"面板中选择Move，然后单击鼠标右键，选择"创建过渡"命令，再次单击Attack，创建从移动到攻击的过渡。
- ⑤在"动画器"面板中选择Attack，然后单击鼠标右键，选择"创建过渡"命令，再次单击Idle，创建从攻击到站立的过渡。
- ⑥在"动画器"面板中选择Idle，然后单击鼠标右键，选择"创建过渡"命令，再次单击Skill，创建从站立到技能的过渡。
- ⑦在"动画器"面板中选择Move，然后单击鼠标右键，选择"创建过渡"命令，再次单击Skill，创建从移动到技能的过渡。
- ⑧在"动画器"面板中选择Skill，然后单击鼠标右键，选择"创建过渡"命令，再次单击Idle，创建从技能到站立的过渡。
- ⑨在"动画器"面板中选择Any State，然后单击鼠标右键，选择"创建过渡"命令，再次单击Die，创建从任何状态到死亡的过渡。
- ⑩在"动画器"面板中选择Die，然后单击鼠标右键，选择"创建过渡"命令，再次单击Idle，创建从死亡到站立的过渡。

14 在"动画器"面板中切换到"参数"选项卡。单击"加号"按钮，创建两个Bool类型参数并命名为Move与Die；单击"加号"按钮，创建两个Trigger类型参数并命名为Attack与Skill，如图3-26所示。

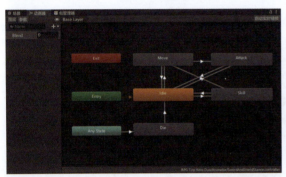

图3-25　　　　　　　　　　　　　　图3-26

15 接下来设置过渡参数。单击Idle到Move的过渡线，在"检查器"面板中单击"加号"按钮，添加一个Move参数并设置为true，表示允许从站立切换到移动动画，然后取消选择"有退出时间"选项，保证动画切换流畅，如图3-27所示。

16 单击Move到Idle的过渡线，在"检查器"面板中单击"加号"按钮，添加一个Move参数并设置为false，表示允许从移动切换到站立动画，然后取消选择"有退出时间"选项，如图3-28所示。

17 单击Idle到Attack的过渡线，在"检查器"面板中单击"加号"按钮，添加一个Attack参数，表示允许从站立切换到攻击动画，然后取消选择"有退出时间"选项，如图3-29所示。

18 单击Move到Attack的过渡线，在"检查器"面板中单击"加号"按钮，添加一个Attack参数，表示允许从移动切换到攻击动画，然后取消选择"有退出时间"选项，如图3-30所示。

图3-27　　　　　　图3-28　　　　　　图3-29　　　　　　图3-30

19 单击Idle到Skill的过渡线,在"检查器"面板中单击"加号"按钮,添加一个Skill参数,表示允许从站立切换到技能动画,然后取消选择"有退出时间"选项,如图3-31所示。

20 单击Move到Skill的过渡线,在"检查器"面板中单击"加号"按钮,添加一个Skill参数,表示允许从移动切换到技能动画,然后取消选择"有退出时间"选项,如图3-32所示。

21 单击AnyState到Die的过渡线,在"检查器"面板中单击"加号"按钮,添加一个Die参数并设置为true,表示允许从任意动作切换到死亡动画,然后取消选择"有退出时间"选项,如图3-33所示。

22 单击Die到Idle的过渡线,在"检查器"面板中单击"加号"按钮,添加一个Die参数并设置为false,表示允许从死亡切换到站立动画,然后取消选择"有退出时间"选项,如图3-34所示。到这里,角色动画就算设置完成了。

图3-31　　　　　　　图3-32　　　　　　　图3-33　　　　　　　图3-34

3.4 音乐与音效

 小萌：接下来是不是要编写动画脚本了？

飞羽：哈哈,不要着急,在后面编写角色脚本时就会一并编写动画功能了。下面先来编写一个音频管理器,一个好的游戏可离不开声音的点缀。

3.4.1 声音管理器

如何实现玩家的沉浸式游戏体验是游戏开发中需要不断思考的问题。一个优秀的游戏体验不仅依赖于出色的游戏玩法和剧情,还需要营造良好的游戏氛围。那么,如何为游戏营造氛围呢？通过修改游戏场景中的雾、光效、特效、交互和视角等元素,可以有效地增强游戏的氛围感,而简单、效果又明显的方法就是添加声音。

在游戏开发中,声音管理器扮演着重要角色,它是一种常用的游戏功能管理器,无论开发什么类型的游戏都必不可少。声音管理器主要用于控制游戏中的音乐和音效,以创造出更加引人入胜的氛围。通过精心设计和管理声音,开发者可以让玩家更深入地融入游戏世界,提供更卓越的游戏体验。

01 接下来开始编写声音管理器。在"层级"面板上单击"加号"按钮,然后单击"创建空对象"来创建一个没有功能的游戏物体,并重命名为SoundManager,如图3-35所示。

图3-35

02 在"层级"面板中选中刚创建的SoundManager,在"检查器"面板中单击"添加组件"按钮 添加组件 ,添加两个Audio Source组件,如图3-36所示。该组件可以用来播放声音,这里添加两个组件的目的是让一个播放音乐,另一个播放音效。

03 在"项目"面板中单击"加号"按钮 + ,然后选择"C#脚本",创建一个空脚本,并命名为SoundManager,将其拖曳到刚创建的空游戏物体上,如图3-37所示。

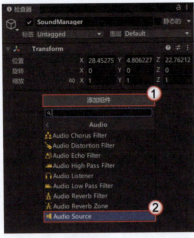

图3-36　　　　　　　　　　图3-37

04 双击打开SoundManager脚本,编写代码。

```
using UnityEngine;

public class SoundManager : MonoBehaviour
{
    // 单例
    public static SoundManager Instance;
    // 音乐播放组件
    private AudioSource bgmPlayer;
    // 音效播放组件
    private AudioSource sePlayer;

    void Awake()
    {
        // 设置单例对象为当前对象
        Instance = this;
        // 获取物体身上的声音的两个组件,一个用来播放音乐,一个用来播放音效
        AudioSource[] sources = GetComponents<AudioSource>();
        bgmPlayer = sources[0];
        sePlayer = sources[1];
        // 如果有需求,这里可以对音乐与音效组件做一些自己想要的设置,如循环、音量等
    }

    // 播放音效,参数为声音所在的路径,注意路径一定要放到 Resources 文件夹下
    public void PlaySound(string path)
    {
        // 从路径中读取音频文件,每一个音频文件在脚本中都是一个 AudioClip
        AudioClip clip = Resources.Load<AudioClip>(path);
        // 播放该音效片段
        sePlayer.PlayOneShot(clip);
```

```csharp
}

// 播放音乐,参数为声音所在的路径,注意路径一定要放到 Resources 文件夹下
public void PlayMusic(string path)
{
    // 从路径中读取音频文件,每一个音频文件在脚本中都是一个 AudioClip
    AudioClip clip = Resources.Load<AudioClip>(path);
    // 设置音乐播放器的播放声音为该音频片段
    bgmPlayer.clip = clip;
    // 播放音乐
    bgmPlayer.Play();
}

// 停止播放音乐
public void StopMusic()
{
    // 如果有音乐在播放
    if (bgmPlayer.isPlaying)
    {
        // 停止播放音乐
        bgmPlayer.Stop();
    }
}
}
```

3.4.2 导入声音

01 执行"窗口>资产商店"菜单命令,在资产商店中下载并导入RPG Essentials Sound Effects-FREE,如图3-38所示。为了保证制作案例时使用的资源版本与本书一致,读者可以直接从本书提供的资源中导入该资源。

02 导入资源后,在"项目"面板中可以看到导入的资源目录Leohpaz。因为动态加载音频文件需要保证音频文件放在Resources文件夹中,所以这里统一把Leohpaz目录重命名为Resources,如图3-39所示。

图3-38　　　　　　　　　　　　　　　　　　　　图3-39

3.5 标签与鼠标

小萌：最近玩了很多RPG类型的游戏，我发现它们的鼠标指针都好好看啊！我做的小游戏中鼠标都是普通样式，感觉差距好大啊，能不能咱们也修改一下鼠标指针样式呢？

哈哈，鼠标指针虽小，但是好看的鼠标指针可以给游戏加分。在计算机端的游戏中，玩家长时间看到的元素就是鼠标指针了，因此可以考虑修改一下鼠标指针的样式。不过在修改之前，需要为场景中的元素添加一下物体标签。

飞羽

3.5.1 物体标签

在游戏中，常常需要区分不同的游戏物体，例如鼠标指向的物体和子弹击中的物体等。在区分物体时，一般不会使用物体名称进行区分，因为物体名称在游戏逻辑中经常会发生变化。例如，打出的子弹可能会被称为"子弹1号"或者"子弹100号"，而场景中的敌人可能被称为"强盗""士兵"或者"山贼"，但实际上它们都是敌人。另外，在城镇中有10个NPC，它们被称为"铁匠王大哥""商人老李""居民张大妈""居民沈阿姨"等。对于游戏逻辑来说，大多数情况下只需要知道它们是NPC即可。

01 这时就需要对它们进行分类，这里使用常用的标签来进行分类。下面为玩家角色设置标签。在"层级"面板中单击Player，在"检查器"面板中的"标签"下拉列表中选择Player标签，如图3-40所示。

02 继续在"层级"面板中选中地面游戏物体Terrain，在"检查器"面板的"标签"下拉列表中可以看到并没有适合作为地面的标签，所以这里选择"添加标签"，添加一个新的标签，如图3-41所示。

图3-40

图3-41

03 这时可以看到"检查器"面板切换到了自定义标签列表，在该列表的右下方单击"加号"按钮，在提示框中输入想加入的新标签，这里输入Ground，代表地面，然后单击Save（保存）按钮 Save 即可，如图3-42所示。

04 在"层级"面板中再次选中地面游戏物体Terrain，在"检查器"面板的"标签"下拉列表中出现了添加的Ground标签，选择Ground即可，如图3-43所示。目前先添加这两个标签，后续随着游戏的制作可以继续添加更多的游戏物体和标签。

图3-42

图3-43

3.5.2 鼠标样式

在计算机端游戏中，虽然鼠标指针所占的画面面积较小，但玩家在整个游戏过程中都会持续地看到它。因此，修改鼠标样式对游戏的画面和风格会有一定的提升作用。一般情况下，鼠标指针的样式应与游戏的风格和主题相协调。例如，恐怖游戏中，可以采用一只骷髅手的样式；在武侠游戏中，则可以使用一把宝剑的样式。

此外，在不同情境下，通过不同的鼠标指针样式可以向玩家传达不同的信息，从而大幅提升游戏的交互体验。例如,当鼠标指针指向NPC时,可以显示一个对话气泡的样式,以提示玩家可以进行对话;当鼠标指针指向不可单击的游戏物体时,可以显示一个红色的禁止符号,表示无法单击;当鼠标指针指向敌人时,则可以显示两把交叉的宝剑,表示可以进行攻击。通过这种方式,玩家可以迅速了解自己与鼠标指针指向的物体之间可以产生何种互动,从而降低了玩家在玩游戏时的学习成本和难度,使新玩家能够更快地上手,享受游戏的乐趣。

01 执行"窗口>资产商店"菜单命令,在资产商店中下载并导入Pixel Cursors,如图3-44所示。为了保证制作案例时使用的资源版本与本书一致,读者可以直接从本书提供的资源中导入该资源。

图3-44

02 导入资源后,在"项目"面板中单击"加号"按钮,选择"C#脚本",创建一个脚本,并命名为CursorControl,双击打开脚本,编写代码。

```csharp
using UnityEngine;

public class CursorControl : MonoBehaviour
{
    // 普通鼠标指针样式
    public Texture2D cursorNormal;
    // 敌人鼠标指针样式
    public Texture2D cursorEnemy;
    // 警告鼠标指针样式
    public Texture2D cursorError;

    void Update()
    {
        // 获取一条从游戏屏幕上的鼠标所在位置向屏幕内部的 3D 空间发射的射线
        Ray ray = Camera.main.ScreenPointToRay(Input.mousePosition);
        // 声明一个碰撞信息
        RaycastHit hit;
        // 判断该射线的碰撞结果,并将信息保存到 hit 中
        bool res = Physics.Raycast(ray, out hit);
        // 这里判断一下如果射线碰撞到物体
        if (res)
        {
            // 如果标签为 Ground(地面)
            if (hit.collider.CompareTag("Ground"))
            {
                // 设置鼠标指针样式为普通样式
                Cursor.SetCursor(cursorNormal, Vector2.zero, CursorMode.Auto);
            }
            // 如果标签为 Enemy(敌人),这里敌人还没实现,提前写上
            else if (hit.collider.CompareTag("Enemy"))
```

验证码:41667

```
        {
            // 设置鼠标指针样式为敌人样式
            Cursor.SetCursor(cursorEnemy, Vector2.zero, CursorMode.Auto);
        }
        // 其余标签
        else
        {
            // 设置鼠标指针样式为警告样式
            Cursor.SetCursor(cursorError, Vector2.zero, CursorMode.Auto);
        }
    }
}
```

03 在"层级"面板上单击"加号"按钮，然后单击"创建空对象"，创建一个没有功能的游戏物体，并重命名为CursorManager，将刚创建的脚本拖曳到该游戏物体上。该物体的"检查器"面板如图3-45所示。

04 可以看到脚本上的默认3个鼠标指针样式的纹理还没有赋值，接下来进行赋值。在"项目"面板中打开Pixel Cursors/Cursors文件夹，可以看到很多鼠标指针图片，全选鼠标指针图片，可以看到导入的素材默认"纹理类型"为Sprite，这里需要将其修改为"光标"（即鼠标指针），单击"应用"按钮 应用 ，如图3-46所示。

05 在这些鼠标指针图片中选择3个自己喜欢的样式，将它们拖曳到脚本上作为Cursor Normal（普通鼠标指针样式）、Cursor Enemy（敌人鼠标指针样式）、Cursor Error（警告鼠标指针样式）即可，如图3-47所示。

图3-45 图3-46 图3-47

06 运行游戏，可以看到鼠标指针样式发生了改变，如图3-48所示。

07 当鼠标指针移动到标签不为Ground的物体（例如石头）上时，可以看到鼠标指针样式改为了禁止样式，如图3-49所示。

图3-48 图3-49

第4章 逻辑与状态

在本章中将使用状态模式来实现角色的基本控制。在游戏开发领域，应用状态模式来组织功能开发可以带来多种好处。该模式允许将不同的功能划分为各自的状态代码块，从而使代码结构更加清晰，逻辑更加明确，减少潜在错误，并增加代码的灵活性。通过引入状态模式，能够更有效地管理角色的状态和行为，从而提升游戏的可维护性和可扩展性。

4.1 寻路系统

 小萌：接下来是不是就要开始使用状态模式啦？

飞羽：别急，在说明状态模式前，需要制作前置内容，即寻路系统。在状态模式的实现过程中，寻路系统能更方便地使用寻路功能。

4.1.1 网格烘焙

为了使用Unity提供的导航系统，需要对网格进行烘焙。在导航系统中关键的信息包括两个方面，一方面是导航物体的信息，即导航代理组件，该组件允许设置物体的高度、宽度、移动速度和旋转速度等参数；另一方面是路径信息，需要对可行走的区域进行烘焙，完成烘焙后这些区域将转换为网格信息，导航系统通过对网格信息进行计算来确定导航代理物体可以行走的区域。这个过程确保了导航系统能够准确地计算可行走区域的范围，使得导航代理物体能够在游戏场景中正确而流畅地移动。

01 下面进行网格的烘焙，即将需要导航的路给"修好"。执行菜单栏中的"窗口>包管理器"命令，打开"包管理器"面板，确保左上角的来源为"Unity注册表"，在列表中找到AI Navigation，选中该项后在右侧详情面板中单击"安装"按钮 安装 ，如图4-1所示。

02 在"层级"面板中单击Terrain(地面)，在"检查器"面板中单击"静态的"选项后的按钮，在出现的菜单中确保Navigation Static为选中状态，也就是说当前的地面是要用来作为导航区域的，如图4-2所示。

03 执行菜单栏中的"窗口>AI>导航（过时）"命令，打开"导航（过时）"面板（在新版本中，导航的功能可能会移动到其他选项卡中）。选择"烘焙"选项卡，在这里可以设置代理物体的半径、高度、坡度、步高等内容，可以理解为在计算可行走区域范围时，要按照什么样的人物属性去计算，毕竟每个人的可行走区域是不同的，比较典型的情况就是小孩可以钻进一个小门，而大人却过不去。这里可以直接单击Bake，即可完成烘焙，烘焙效果如图4-3所示。

图4-1　　　　　　　　　　图4-2　　　　　　　　　　图4-3

4.1.2 导航代理

在游戏中，玩家和敌人需要在导航网格中移动，为了实现这一点，必须为玩家和敌人添加导航代理组件。虽然尚未制作敌人，但可以先为玩家添加导航代理组件。

01 在"层级"面板中单击并选中Player，在"检查器"面板中单击"添加组件"按钮 添加组件 ，为其添加一个Nav Mesh Agent组件，如图4-4所示。

02 添加完成后，因为原本导航的移动与加速度等数值较低，导致运动不是很灵活，所以可以重新设置一下参数数值，如图4-5所示。至此，导航设置就初步完成了。

图4-4　　　　　　　　图4-5

4.2 游戏界面

接下来制作游戏界面。这里只制作基本的血条、血量界面，可以使用自己的素材制作自己喜欢的精美界面。
飞羽

4.2.1 头像血条

在玩游戏时需要在游戏界面中显示两个血量，一个是玩家的血量，另一个是基地的血量。下面依次制作。

01 导入素材。执行"窗口>资产商店"菜单命令，在资产商店中下载并导入Fantasy Free GUI，如图4-6所示。为了保证制作案例时使用的资源版本与本书一致，读者可以直接从本书提供的资源中导入该资源。

02 在"层级"面板中执行"创建>UI>图像"菜单命令，创建一个图像控件，并命名为Head，然后设置该图像控件的"源图像"为Free/ZOSMA/Main/Guildbotton，接着将图像控件放到屏幕的左上角。显示效果如图4-7所示。

图4-6　　　　　　　　图4-7

03 为了保证不同分辨率下的头像永远可以在左上角显示，这里修改图像锚点为左上角。在"层级"面板中选中刚创建的图像控件，然后在"检查器"面板中进行设置，具体的设置情况如图4-8所示。

04 使用滑动条控件来制作显示玩家血量的血条。在"层级"面板中执行"创建>UI>滑动条"菜单命令，创建一个图像控件，并命名为HpBar，将其放置在左上角的头像的右侧区域，将锚点设置为左上角，并将其调整到合适大小，效果如图4-9所示。

05 滑动条的滑动按钮是不需要的，所以在"层级"面板中选中HpBar下的Handle Slide Area子物体，按Delete键删除即可，效果如图4-10所示。

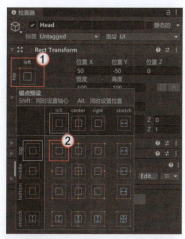

图4-8

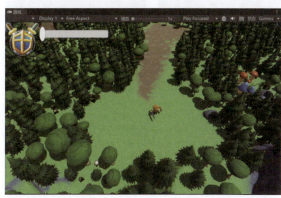

图4-9

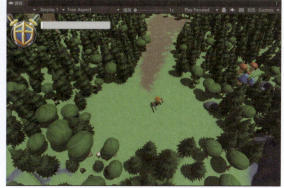

图4-10

06 现在滑动按钮已经没有了，但是还有一个小问题。现在滑动条的默认数值为0，但滑动条并没有滑动到最左侧，对于血条设计而言，肯定不希望有这个效果。在"层级"面板中选中HpBar下的Fill Area子物体，修改的参数如图4-11所示。

07 在"层级"面板中选中Fill Area的子物体Fill并修改其参数，具体参数如图4-12所示。

08 设置滑动条的图片为Freeui/ZOSMA/Main/EXP，效果如图4-13所示。

图4-11

图4-12

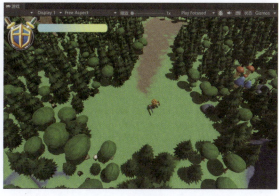

图4-13

09 创建一个文本，用于显示基地的血量。在"层级"面板中执行"创建>UI>旧版>文本"菜单命令，创建一个文本控件，并命名为HomeHp，同样将其放置在左上角的头像右侧区域，将锚点设置为左上角，并设置自己喜欢的颜色、字体与字体大小，再设置文本为"基地血量:0"，如图4-14所示。UI的"层级"面板如图4-15所示。

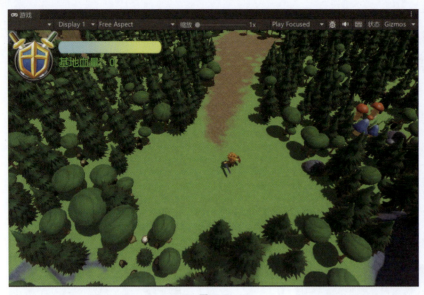

图4-14

图4-15

10 在"项目"面板中单击"加号"按钮➕，选择"C#脚本"，创建一个脚本，并重命名为**UIManager**，然后将其挂载到**Canvas**物体上，双击打开脚本，编写代码。

```
using UnityEngine;
using UnityEngine.UI;

public class UIManager : MonoBehaviour
{
    // 单例
    public static UIManager Instance;
    // 基地血量文本
    private Text text;
    // 玩家血量滑动条
    private Slider slider;

    void Awake()
    {
        // 设置单例
        Instance = this;
        // 获取文本控件
        text = GetComponentInChildren<Text>();
        // 获取滑动条控件
        slider = GetComponentInChildren<Slider>();
    }

    void Update()
    {
        // 最简单的动态更新血条的方法，随时获取玩家血量与最大血量，把两种血量相除后的比例赋值给滑动条即可
        slider.value = (float)PlayerControl.Instance.Hp / PlayerControl.Instance.MaxHp;
```

```
}

// 设置基地血量
public void setHomeHp(int hp)
{
    // 更新血量显示文本
    text.text = "基地血量：" + hp;
}
}
```

4.2.2 漂浮文本

在游戏开发中，漂浮文本是一种常见的元素。当角色受到伤害时，游戏会在角色头顶显示漂浮文字来展示受到的伤害值；当角色升级时，也会在头顶显示升级提示文字；而当玩家获得物品时，游戏会在界面的某个位置给予玩家物品获得的提示。制作漂浮文字的方法其实十分简单，只需要将一个文本控件制作成预制件，然后动态生成该控件，并为其添加一个向上移动的漂浮效果即可。

01 在"层级"面板中执行"创建>UI>旧版>文本"菜单命令，创建一个文本控件，并重命名为Text，在"检查器"面板中设置漂浮文字的字体、字体大小与颜色。参考参数如图4-16所示。

图4-16

02 在"层级"面板中，选中新创建的文本控件，将其拖曳到"项目"面板中的Resources文件夹中，然后将"层级"面板中的文本控件删除即可。打开上个小节创建的UIManager脚本，修改脚本代码。至此，漂浮文本功能就实现了。

```
using System.Collections.Generic;
using UnityEngine;
using UnityEngine.UI;

public class UIManager : MonoBehaviour
{
    // 单例
    public static UIManager Instance;
    // 基地血量文本
    private Text text;
```

```csharp
// 玩家血量滑动条
private Slider slider;
// 漂浮文本预制件
private GameObject TextPre;
// 字典保存漂浮文本与漂浮的时间
private Dictionary<RectTransform, float> Dic;
// 列表保存漂浮文本
private List<RectTransform> RectList;
void Awake()
{
    // 设置单例
    Instance = this;
    // 获取文本控件
    text = GetComponentInChildren<Text>();
    // 获取滑动条控件
    slider = GetComponentInChildren<Slider>();
    // 获取漂浮文本预制件
    TextPre = Resources.Load<GameObject>("Text");
    // 初始化字典
    Dic = new Dictionary<RectTransform, float>();
    // 初始化列表
    RectList = new List<RectTransform>();
}

// 显示一个漂浮文本,这里的参数为3D坐标与显示文本内容
public void Show(Vector3 pos, string content)
{
    // 将3D坐标转为屏幕坐标
    Vector2 point = Camera.main.WorldToScreenPoint(pos);
    // 实例化一个漂浮文本物体
    GameObject obj = GameObject.Instantiate(TextPre, transform);
    // 设置漂浮文本文字
    obj.GetComponent<Text>().text = content;
    // 修改漂浮文本位置为上面计算的屏幕坐标
    RectTransform trans = obj.GetComponent<RectTransform>();
    trans.position = point;
    // 将漂浮文本添加到字典,并设置存活时间为1秒
    Dic.Add(trans, 1);
    // 将漂浮文本添加到管理列表
    RectList.Add(trans);
}

void Update()
{
    // 最简单的动态更新血条方法,随时获取玩家血量与最大血量,把两种血量相除后的比例赋值给滑动条即可
```

```csharp
    slider.value = (float)PlayerControl.Instance.Hp / PlayerControl.Instance.MaxHp;
    // 提前声明一个需要删除的漂浮文本，默认为空
    RectTransform delObj = null;
        //遍历漂浮文本
        for (int i = 0; i < RectList.Count; i++)
        {
            //获取漂浮文本
    RectTransform trans = RectList[i];
    // 漂浮文本刷新自己的漂浮时间
    Dic[trans] -= Time.deltaTime;
    // 如果漂浮文本计时到期
    if (Dic[trans] < 0)
    {
        // 标记为要删除的漂浮文本
        delObj = trans;
    }
    // 获取漂浮文本的位置
    Vector3 point = trans.position;
    // 修改向上移动后的位置
    point.y += 100 * Time.deltaTime;
    // 刷新为修改后的位置
    trans.position = point;
        }

    // 如果有标记删除的文本
    if (delObj)
    {
        // 从字典中移除该文本
        Dic.Remove(delObj);
        // 从列表中移除该文本
        RectList.Remove(delObj);
        // 删除该文本 UI
        Destroy(delObj.gameObject);
    }
}

// 设置基地血量
public void setHomeHp(int hp)
{
    // 更新血量显示文本
    text.text = "基地血量："+ hp;
}
}
```

4.3 玩家属性

在编写角色的状态之前,需要先为主角定义基本的属性,例如生命值、经验、等级、回血等。

以前我都将这些属性和逻辑写在一个脚本中,现在把属性和逻辑分开写,突然感觉更清晰了!

没错,后续的状态模式甚至把角色逻辑也分为很多状态,等写完这部分代码后你就会感觉更清晰了,接下来为主角添加一个属性脚本。

4.3.1 玩家脚本

01 在"项目"面板中单击"加号"按钮,选择"C#脚本",创建一个脚本,并重命名为PlayerControl,然后将其挂载到Player物体上。双击打开脚本,编写代码。

```csharp
using UnityEngine;

public class PlayerControl : MonoBehaviour
{
    // 单例
    public static PlayerControl Instance;
    // 升级效果预制件
    public GameObject LevelUpPrefab;

    // 人物等级
    public int Level = 1;
    // 人物经验
    public int Exp = 0;
    // 人物血量
    public int Hp = 120;
    // 计时器
    private float timer = 0;

    // 人物最大血量
    public int MaxHp
    {
        get
        {
            // 这里简单计算,血量随等级增长而增加
            return 100 + Level * 20;
        }
    }

    // 攻击力
    public int Attack
```

```csharp
    get
    {
        // 这里简单计算，攻击力随等级增长而增长
        return 30 + Level * 10;
    }
}

// 受到攻击
public void GetHit(int attack)
{
    // 这里做个随机，让受到的攻击随机略微增大或减小
    int num = Random.Range(-2, 2) + attack;
    // 刷新当前血量
    Hp -= num;
    // 显示血量文字
    UIManager.Instance.Show(transform.position + Vector3.up * 2, "-" + num);
}

// 增加经验
public void addExp(int exp)
{
    // 增加经验
    Exp += exp;
    // 这里简单计算，如果经验大于 500 则升级
    if (Exp >= 500)
    {
        // 升级
        Level++;
        // 升级后，不要忘了经验减 500，不然就会一直升级了
        Exp -= 500;
        // 显示升级文字
        UIManager.Instance.Show(transform.position + Vector3.up * 2, "Level Up!");
        // 实例化一个升级特效
        Instantiate(LevelUpPrefab, transform);
    }
}

void Awake()
{
    // 单例
    Instance = this;
}
```

```
void Update()
{
    // 这里做一个自动回血
    if (Hp > 0)
    {
        // 计时器增加
        timer += Time.deltaTime;
        // 如果计时器走过 0.05 秒
        if (timer > 0.05f)
        {
            // 清空计时器
            timer = 0;
            // 如果血量不满
            if (Hp < MaxHp)
            {
                // 血量自增 1
                Hp += 1;
            }
        }
    }
}
```

02 在"层级"面板中单击选中Player，将脚本挂载上来，选择一个升级特效并拖曳到脚本上的LevelUpPrefab字段上。执行"窗口>资产商店"菜单命令，在资产商店中下载并导入Cartoon FX Remaster Free，如图4-17所示。为了保证制作案例时使用的资源版本与本书一致，读者可以直接从本书提供的资源中导入该资源。

03 在"项目"面板中选中JMO Assets/Cartoon FX Remaster/CFXR Prefabs/Eerie/CFXR2 Souls Escape，并将其关联为主角Player的升级特效，如图4-18所示。

图4-17

图4-18

4.3.2 敌人脚本

01 与之前给地面添加标签的方式一样，为敌人添加一个标签。在"层级"面板中单击Player，在"检查器"面板中单击"标签"，通过单击"添加标签"按钮来添加一个新的标签，这里添加的标签为Enemy，如图4-19所示。

图4-19

02 创建敌人的基础脚本，将敌人的基础属性也编写完成。创建一个"C#脚本"，并重命名为EnemyControl。双击打开脚本，编写代码。在后面创建敌人的时候，会为每一个敌人挂载一个EnemyControl脚本。

```csharp
using UnityEngine;

public class EnemyControl : MonoBehaviour
{
    // 敌人血量
    public int Hp = 100;
    // 敌人攻击力
    public int Attack = 10;
    // 敌人奖励经验
    public int Reward_Exp = 50;

    // 敌人受到攻击
    public void GetHit(int attack)
    {
        // 计算伤害偏差
        int num = Random.Range(-2, 3) + attack;
        // 减少血量
        Hp -= num;
        // 弹出漂浮文字，提示当前敌人减少的血量
        UIManager.Instance.Show(transform.position + Vector3.up * 2, "-" + num);
        // 如果血量小于等于 0
        if (Hp <= 0)
        {
            // 为角色添加经验
            PlayerControl.Instance.addExp(Reward_Exp);
            // 删除敌人
            Destroy(gameObject);
        }
    }
}
```

4.4 状态模式

飞羽
接下来使用状态模式进行角色的功能制作,需要说一下如何实现状态模式。

小萌
状态模式会不会也有很多实现代码需要记忆?

飞羽
放心,主要是要理解状态模式的实现思想,理解状态模式带来的好处,如果这些都理解了,具体实现的时候完全可以灵活编写代码。

4.4.1 创建状态模式

许多初学游戏开发的人常常会将各种功能写入同一个脚本中,例如玩家的功能和敌人的AI等。当然,这是一个可以接受的方法,也是初学者经常采用的方式,然而这种做法可能会导致一些问题。例如,一个脚本中包含大量的代码,其中包括许多if判断等逻辑代码,当代码量变得庞大时,就容易出现意想不到的难以解决的问题。另外,即使成功完成整个脚本,未来想要修改或扩展脚本也可能会变得非常烦琐和困难。

那么如何提升自己的代码编写水平呢?这时可以考虑使用状态模式,即将一系列并行存在的功能划分为不同的状态。例如,对于玩家角色,可以将功能分为站立、移动、发动攻击、发动技能、死亡等状态。这些状态有一个特点,即它们不会同时存在,也就是说玩家角色不会同时处于两种或更多的状态下。在这种情况下,可以将每个状态单独写入不同的脚本中,从而实现状态模式。这种做法使得代码更加清晰,且易于维护和扩展。

这里使用简单的方式来实现状态模式,为每一个状态创建一个脚本来编写对应的代码。因为这里的状态都会用到一些共有的属性方法,例如都会用到动画控制器、寻路代理等,所以需要先编写一个基类,然后在基类中声明这些共有的属性方法,接着让每一个状态继承该基类就可以了。每一个状态都继承自MonoBehaviour,也就是说每一个状态都是一个玩家身上的组件,所以通过开关组件就可以模拟状态的切换了。

01 创建一个状态基类。在"项目"面板中创建一个"C#脚本",并重命名为StateBase。双击打开脚本,编写代码。

```
using UnityEngine;
using UnityEngine.AI;

// 这里使用最简单的方式实现状态模式,每一个状态都继承自 MonoBehaviour,也就是说每一个状态都是一个玩家身
上的组件,通过开关组件来模拟状态的切换
public class StateBase : MonoBehaviour
{
    // 动画控制器
    protected Animator animator;
    // 导航代理
    protected NavMeshAgent agent;

    // 状态初始化
    void Awake()
    {
        // 获取角色身上的动画控制器与导航代理
        animator = GetComponent<Animator>();
        agent = GetComponent<NavMeshAgent>();
```

```
    }
    // 切换状态
    public void ChangeState<T>() where T: StateBase
    {
        // 获取要切换的状态
        var state = GetComponent<T>();
        // 关闭当前状态
        this.enabled = false;
        // 开启新状态
        state.enabled = true;
    }
}
```

02 在"项目"面板中继续创建5个"C#脚本",分别重命名为IdleState、MoveState、DieState、AttackState、SkillState,并将其挂载到Player玩家物体身上,如图4-20所示。

图4-20

4.4.2 站立状态

在编写每个状态之前,需要梳理思路,明确在该状态下需要执行的操作。现在来思考一下站立状态的逻辑。

①进入站立状态时,首要任务是确保播放站立动画。
②同时监听角色是否死亡,如果死亡则切换到死亡状态。
③检测是否按下Q键,如果按下则进入技能状态。
④检测是否单击鼠标右键,如果使用鼠标右键单击到地面或敌人,则切换到移动状态。

这里也可以看出状态模式的优点。在考虑站立状态的逻辑时,完全不需要考虑其他状态,只需了解站立状态的逻辑以及何时会切换到其他状态即可。这样即使角色逻辑再复杂,也能通过状态模式清晰地分离和实现。

接下来编写人物站立时的逻辑代码。双击打开IdleState脚本,编写代码。

```
using UnityEngine;

public class IdleState : StateBase
{
    // 进入状态
```

```csharp
void OnEnable()
{
    // 进入站立状态，保证当前动画为站立动画
    animator.SetBool("Move", false);
}

void Update()
{
    // 如果角色血量小于等于 0
    if (GetComponent<PlayerControl>().Hp <= 0)
    {
        // 切换到死亡状态
        ChangeState<DieState>();
    }
    // 如果单击鼠标右键
    if (Input.GetMouseButtonDown(1))
    {
        // 获取从屏幕鼠标指针位置到游戏世界的射线
        Ray ray = Camera.main.ScreenPointToRay(Input.mousePosition);
        // 声明一个碰撞信息变量
        RaycastHit hit;
        // 对射线进行碰撞检测，并把结果写到碰撞信息变量中
        bool res = Physics.Raycast(ray, out hit);
        // 如果发生了碰撞，就证明鼠标单击到了游戏物体
        if (res)
        {
            // 如果鼠标单击到了地面
            if (hit.collider.CompareTag("Ground"))
            {
                // 获得移动状态
                MoveState state = GetComponent<MoveState>();
                // 设置移动坐标
                state.targetPoint = hit.point;
                // 清空移动目标
                state.targetTransform = null;
                // 切换到移动状态
                ChangeState<MoveState>();
            }
            // 如果鼠标单击到了敌人
            if (hit.collider.CompareTag("Enemy"))
            {
                // 获得移动状态
                MoveState state = GetComponent<MoveState>();
                // 清空移动坐标
                state.targetPoint = Vector3.zero;
```

```
            // 设置移动目标为敌人
            state.targetTransform = hit.transform;
            // 切换到移动状态
            ChangeState<MoveState>();
        }
    }
}

// 站立情况下，如果按下 Q 键
if (Input.GetKeyDown(KeyCode.Q))
{
    // 释放技能
    ChangeState<SkillState>();
}
}
}
```

4.4.3 移动状态

下面来思考一下移动状态的逻辑。

①在进入移动状态时，首先需要判断是否需要切换到攻击状态。如果不需要切换，则播放移动动画并启用导航功能。

②监听角色是否死亡，若死亡则切换到死亡状态。

③监听是否按下了Q键，如果按下了Q键，则进入技能状态。

④监听是否单击鼠标右键，如果使用鼠标右键单击到了地面或敌人，则修正目标位置或敌人。

⑤如果单击了地面，则让角色朝着被单击的地面位置移动；当到达该位置时，切换回站立状态。

⑥如果单击了敌人，则让角色朝敌人的位置移动；当接近敌人的位置时，切换为攻击状态。

⑦为了展现出移动效果，可以添加一个人物脚下的灰尘特效，在进入移动状态时播放特效，在离开移动状态时停止播放特效。

⑧同样为了展现出移动效果，可以播放踩地板的声音。

01 添加灰尘特效，在"项目"面板中选中JMO Assets/Cartoon FX Remaster/CFXR Prefabs/Misc/CFXR Smoke Source 3D，将其拖曳为Player的子物体并重命名为Smoke，如图4-21所示。

02 选中该物体，在"检查器"面板中设置图4-22所示的参数。

图4-21

图4-22

03 在"项目"面板中选中RPG Tiny Hero Duo/Animation/SwordAndShield/InPlace/MoveFWD_Normal_ InPlace_SwordAndShield跑步动画文件,在"检查器"面板中为该动画添加跑步时的事件,如图4-23所示。这里在①处和②处添加动画事件,事件名称为step,从模型中也可以看出来这两个位置分别为左脚和右脚碰到地面的时候。

04 双击打开MoveState脚本,编写人物移动时的逻辑代码。

图4-23

```
using UnityEngine;

public class MoveState : StateBase
{
    // 移动有两种模式,第一个是点了空的地面,有一个固定位置,就使用第一个参数来保存这个位置
    [HideInInspector]
    public Vector3 targetPoint = Vector3.zero;
    // 第二个是点了敌人,因为敌人可能会移动,所以这里就不能保存固定位置,而是保存了敌人的 Transform
    [HideInInspector]
    public Transform targetTransform = null;

    // 进入状态
    void OnEnable()
    {
        // 如果有敌人目标并且够攻击距离,就直接跳转到攻击状态
        if (targetTransform != null && Vector3.Distance(transform.position, targetTransform.position) < 2)
        {
            // 获取攻击状态
            AttackState state = GetComponent<AttackState>();
            // 设置攻击的敌人
            state.enemy = targetTransform.GetComponent<EnemyControl>();
            // 切换到攻击状态
            ChangeState<AttackState>();
            return;
        }
        // 播放移动动画
        animator.SetBool("Move", true);
        // 开始播放移动的灰尘特效
        transform.Find("Smoke").gameObject.SetActive(true);
        // 开始进行导航
        agent.isStopped = false;
    }

    // 离开状态
```

```csharp
private void OnDisable()
{
    // 关闭移动时的灰尘效果
    transform.Find("Smoke").gameObject.SetActive(false);
    // 停止导航
    agent.isStopped = true;
    // 停止播放移动动画
    animator.SetBool("Move", false);
}

void Update()
{
    // 如果角色血量小于等于 0
    if (GetComponent<PlayerControl>().Hp <= 0)
    {
        // 切换到玩家死亡状态
        ChangeState<DieState>();
    }
    // 如果移动位置的坐标不为零，就证明这次移动的目标是固定点
    if (targetPoint != Vector3.zero)
    {
        // 设置移动位置
        agent.SetDestination(targetPoint);
        // 判断角色与目标点位的位置小于 0.2 米
        if (Vector3.Distance(transform.position, targetPoint) < 0.2f)
        {
            // 切换到站立状态
            ChangeState<IdleState>();
        }
    }
    // 如果移动目标不为空，就证明这次移动的目标是敌人
    else if (targetTransform != null)
    {
        // 获取角色与敌人的距离
        float dis = Vector3.Distance(transform.position, targetTransform.position);
        // 如果玩家角色与敌人的距离小于 2，则到达攻击距离，转为攻击状态
        if (dis < 2)
        {
            // 获取攻击状态
            AttackState state = GetComponent<AttackState>();
            // 设置攻击的敌人
            state.enemy = targetTransform.GetComponent<EnemyControl>();
            // 切换到攻击状态
            ChangeState<AttackState>();
        }
        // 如果不够攻击距离
```

```csharp
        else
        {
            // 设置移动的目标位置为敌人当前位置
            agent.SetDestination(targetTransform.position);
        }
    }
    // 如果移动过程中,再次单击鼠标右键,就证明要修改目标敌人或位置
    if (Input.GetMouseButtonDown(1))
    {
        // 获取从屏幕鼠标指针位置到游戏世界的射线
        Ray ray = Camera.main.ScreenPointToRay(Input.mousePosition);
        // 声明一个碰撞信息变量
        RaycastHit hit;
        // 对射线进行碰撞检测,并把结果写到碰撞信息变量中
        bool res = Physics.Raycast(ray, out hit);
        // 如果发生了碰撞,就证明鼠标单击到了游戏物体
        if (res)
        {
            // 如果鼠标单击到了地面
            if (hit.collider.CompareTag("Ground"))
            {
                // 设置移动坐标
                targetPoint = hit.point;
                // 清空移动目标
                targetTransform = null;
            }
            // 如果鼠标单击到了敌人
            if (hit.collider.CompareTag("Enemy"))
            {
                // 清空移动坐标
                targetPoint = Vector3.zero;
                // 设置移动目标
                targetTransform = hit.transform;
            }
        }
    }
    // 移动情况下,如果按下 Q 键
    if (Input.GetKeyDown(KeyCode.Q))
    {
        // 释放技能
        ChangeState<SkillState>();
    }
}
// 脚踩到地面上会调用的方法
```

```csharp
public void step()
{
    // 播放脚步声
    SoundManager.Instance.PlaySound( "RPG_Essentials_Free/12_Player_Movement_SFX/03_Step_grass_03" );
}
```

4.4.4 死亡状态

思考一下死亡状态的逻辑。

①当进入死亡状态时，首先要保证播放的是死亡动画。

②倒计时10秒后，复活角色，停止死亡动画，恢复角色血量，切换到站立状态。

双击打开DieState脚本，接下来编写人物死亡时的逻辑代码。

```csharp
using UnityEngine;

public class DieState : StateBase
{
    // 死亡计时器
    private float timer = 0;
    void OnEnable()
    {
        // 重置计时器
        timer = 0;
        // 播放死亡动画
        animator.SetBool( "Die", true);
    }

    void Update()
    {
        // 计时器增加
        timer += Time.deltaTime;
        // 如果死亡超过 10 秒，就复活
        if (timer > 10)
        {
            // 停止死亡动画
            animator.SetBool( "Die", false);
            // 重置角色血量
            GetComponent<PlayerControl>().Hp = GetComponent<PlayerControl>().MaxHp;
            // 切换到站立状态
            ChangeState<IdleState>();
        }
    }
}
```

4.4.5 攻击状态

思考一下攻击状态的逻辑。

①当进入攻击状态时，面向敌人随机播放一个攻击动画。

②当进入攻击状态时，0.5秒后播放攻击特效并触发伤害。

③当进入攻击状态时，0.9秒后恢复站立状态。

④在攻击状态中监听，如果血量小于等于0，则切换到死亡状态。

01 双击打开AttackState脚本，编写人物攻击时的逻辑代码。

```csharp
using UnityEngine;

public class AttackState : StateBase
{
    // 攻击的敌人目标
    [HideInInspector]
    public EnemyControl enemy;
    // 攻击特效
    public GameObject EffectPre;

    void OnEnable()
    {
        // 随机攻击动作
        int num = Random.Range(0, 3);
        // 设置为刚随机出来的攻击动画
        animator.SetFloat("Blend", num);
        // 播放攻击动画
        animator.SetTrigger("Attack");
        // 设置旋转为面向敌人
        transform.rotation = Quaternion.LookRotation(enemy.transform.position - transform.position, Vector3.up);
        //0.5秒后调用伤害方法触发伤害
        Invoke("Hit", 0.5f);
        //0.9秒后恢复为站立状态
        Invoke("ChangeIdle", 0.9f);
    }

    void Hit()
    {
        // 如果敌人目标不为空
        if (enemy != null)
        {
            // 实例化攻击特效
            Instantiate(EffectPre, enemy.transform);
            // 调用敌人受伤方法
            enemy.GetHit(PlayerControl.Instance.Attack);
```

```
    }
  }

  void ChangeIdle()
  {
    // 切换到站立状态
    ChangeState<IdleState>();
  }




  void Update()
  {
    // 如果角色血量小于等于 0
    if (GetComponent<PlayerControl>().Hp <= 0)
    {
      // 切换到玩家死亡状态
      ChangeState<DieState>();
    }
  }
}
```

02 保存脚本后在"项目"面板中选中JMO Assets/Cartoon FX Remaster/CFXR Prefabs/Sword Trails/Fire/CFXR4 Sword Hit FIRE (Cross)，并将其关联为攻击特效，如图4-24所示。

技巧提示 攻击逻辑是一种较为复杂的角色逻辑。在这里使用了简单的"攻击后即刻收刀"的逻辑。如果读者有兴趣，可以尝试编写喜欢的攻击逻辑，例如循环攻击或按照固定顺序连续攻击等。

图4-24

4.4.6 技能状态

下面制作一个360°的魔法球技能，思考一下这个技能状态的逻辑。

①当进入技能状态时，播放释放技能的动画。
②当进入技能状态时，创建10个技能球并旋转角度。
③0.3秒后，切换回站立状态。
④监听，如果血量小于等于0，则切换到死亡状态。

01 双击打开SkillState脚本，编写释放技能时的逻辑代码。

```csharp
using UnityEngine;

public class SkillState : StateBase
{
    // 技能预设体
    public GameObject SkillPre;
    // 技能释放时间计时器
    private float timer = 0;

    // 进入状态就释放一个技能
    void OnEnable()
    {
        // 重置计时器
        timer = 0;
        // 保证人物停止运动的动画
        animator.SetBool("Move", false);
        // 播放技能动画
        animator.SetTrigger("Skill");
        // 播放音效
        SoundManager.Instance.PlaySound("RPG_Essentials_Free/8_Atk_Magic_SFX/04_Fire_explosion_04_medium");
        // 释放技能
        QSkill();
    }

    void Update()
    {
        // 如果角色血量小于等于0
        if (GetComponent<PlayerControl>().Hp <= 0)
        {
            // 切换到玩家死亡状态
            ChangeState<DieState>();
        }
        // 技能计时器增加
        timer += Time.deltaTime;
        // 计时器如果超过0.3秒
        if (timer > 0.3f)
        {
            // 计时器清零
            timer = 0;
            // 切换到站立状态
            ChangeState<IdleState>();
        }
    }
}
```

```csharp
public void QSkill()
{
    // 这里用代码简单制作一个技能，每隔 36°释放一个技能球
    int angle = 36;
    // 循环 10 次
    for (int i = 0; i < 10; i++)
    {
        // 创建 10 个技能球
        GameObject go = Instantiate(SkillPre, transform.position + Vector3.up, Quaternion.identity);
        // 让每个技能球旋转到各自的角度
        go.transform.Rotate(Vector3.up, angle * i);
    }
}
```

02 在"项目"面板中选中JMO Assets/Cartoon FX Remaster/CFXR Prefabs/Electric/CFXR Electrified 3，将其复制到"项目"面板的Resources文件夹中，并命名为MagicBall，作为技能球。主要逻辑是向前方移动，超过2秒或碰到敌人后技能球自动销毁。在"项目"面板中创建一个"C#脚本"，并重命名为MagicBallControl，将其添加到MagicBall上。双击打开脚本，编写代码。

```csharp
using UnityEngine;

public class MagicBallControl : MonoBehaviour
{
    // 碰到敌人的效果，这里关联 JMO Assets/Cartoon FX (legacy)/CFX Prefabs/Hits/CFX_Hit_A Red+RandomText
    public GameObject effectPre;
    // 计时器
    private float timer = 0;
    // 攻击力
    private int Attack;

    void Start()
    {
        // 魔法球为玩家攻击力的 2 倍
        Attack = PlayerControl.Instance.Attack * 2;
        // 给魔法球添加碰撞体
        var collider = gameObject.AddComponent<SphereCollider>();
        // 设置碰撞半径
        collider.radius = 1;
        // 设置碰撞体为触发器
        collider.isTrigger = true;
    }

    void Update()
    {
        // 计时器计时
```

```
      timer += Time.deltaTime;
      // 如果到达 2 秒
      if (timer > 2)
      {
          // 删除该魔法球
          Destroy(gameObject);
      }
      // 魔法球持续向前方移动
      transform.Translate(Vector3.forward * 5 * Time.deltaTime);
  }

  private void OnTriggerEnter(Collider other)
  {
      // 当碰到敌人
      if (other.CompareTag("Enemy"))
      {
          // 播放音效
          SoundManager.Instance.PlaySound("RPG_Essentials_Free/10_Battle_SFX/15_Impact_flesh_02");
          // 播放碰撞效果
          Instantiate(effectPre, transform.position, Quaternion.identity);
          // 敌人受到伤害
          other.GetComponent<EnemyControl>().GetHit(Attack);
          // 删除该魔法球
          Destroy(gameObject);
      }
  }
}
```

03 因为技能球效果的默认体积有些大，所以要缩小一些，选中MagicBall，修改参数，如图4-25所示。

04 选中"层级"面板中的Player，将其关联到SkillState的SkillPre变量上，如图4-26所示。

技巧提示 为了练习状态模式，将技能也设计为一种状态。在这种情况下，每个技能都需要对应一个状态。当技能的数量较多时，会感觉比较杂乱。因此，如果要添加大量技能，则需要尝试将技能功能提取出来，编写一个独立的技能系统，并使用XML、JSON或Excel来配置技能的各项数据，这样才能更方便地管理多个技能。

图4-25

图4-26

4.4.7 完善与测试

01 状态模式目前算编写完成了,下面只需要保证同时只能有一个状态执行就可以了。默认为站立状态,所以这里设置站立状态激活,如图4-27所示。

02 运行游戏,可以看到默认角色会站在原地不动,这时就是站立状态被激活了,如图4-28所示。

图4-27　　　　　　　　　　　　　　　　图4-28

03 使用鼠标右键单击地面,就可以看到角色开始移动,并出现灰尘。这里会有一个问题,就是无论人物如何变换方向,灰尘总是直直地向人物后方扬起,且持续时间略长,如图4-29和图4-30所示。

图4-29　　　　　　　　　　　　　　　　图4-30

04 这里稍微优化一下灰尘效果,在"层级"面板中选中Player/Smoke,将"模拟空间"选项改为"世界",并将"起始生命周期"修改为0.3,如图4-31所示。

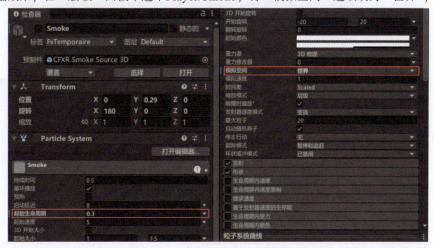

图4-31

05 再次运行游戏，然后移动角色，可以看到灰尘效果很自然地随角色进行"转弯"了，如图4-32和图4-33所示。

图4-32　　　　　　　　　　　　　　　　图4-33

06 接下来进行攻击和技能的状态测试。拖曳一个模型到场景中，在"项目"面板中将RPG Tiny Hero Duo/Prefab/FemaleCharacterPBR拖曳到场景中，在"检查器"面板中设置"标签"为Enemy，同时添加刚体、碰撞体、敌人脚本3个组件，并设置参数，如图4-34所示。

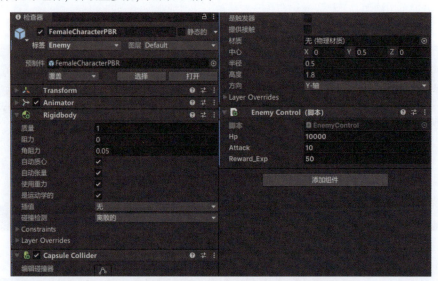

图4-34

07 运行游戏，使用鼠标右键单击敌人，可以看到角色会移动到敌人附近，然后自动攻击敌人，如图4-35所示。按Q键，可以看到角色释放了技能，如图4-36所示。

图4-35　　　　　　　　　　　　　　　　图4-36

4.5 基地与镜头

小萌　开始总感觉状态模式会让代码变多，脚本变多，看着更复杂，但是没想到理解以后逻辑上会更清晰！

是啊，所以一定要理解并多多练习，在自己的游戏中也尽量尝试使用状态模式。接下来完善一下游戏中两个比较简单的部分。飞羽

4.5.1 镜头跟随

01 制作镜头的跟随，需要保证摄像机位于角色上方，然后微调一个自己喜欢的视角，如图4-37所示。

02 在"项目"面板中添加一个"C#脚本"，并重命名为CameraControl，然后将其挂载到Main Camera物体上。双击打开脚本，编写代码。

图4-37

```csharp
using UnityEngine;

public class CameraControl : MonoBehaviour
{
    // 摄像机跟随的目标
    public Transform target;
    // 保存摄像机和玩家之间的固定向量
    private Vector3 dir;

    void Start()
    {
        // 如果没有设置跟随目标
        if (target == null)
        {
            // 找到玩家
            GameObject player = GameObject.FindWithTag("Player");
            // 设置默认跟随目标为玩家
            target = player.transform;
        }
        // 计算固定向量
        dir = target.position - transform.position;
    }

    void LateUpdate()
```

```
{
    // 随时通过向量和玩家位置计算出当前摄像机的新位置
    transform.position = target.position - dir;
}
}
```

03 运行游戏，单击地面以控制角色在场景中移动，可以看到游戏的视角也会一直保持跟随玩家进行移动，如图4-38和图4-39所示。

图4-38

图4-39

4.5.2 游戏基地

01 选择一个模型作为基地，这里选择一个蘑菇模型，当然读者也可以选择自己喜欢的模型或特效。在"项目"面板中选中Supercyan Free Forest Sample/Prefabs/High Quality/Foliage/Mushroom/forestpack_foliage_mushroom_blue_big，将其拖曳到"场景"面板中，如图4-40所示。

02 修改模型的名称为Home，添加一个新的Home标签并设置该模型的标签也为Home，然后将其放大，设置"缩放"的倍数为(10,10,10)，并且为其添加一个新的Capsule Collider组件，并且勾选"是触发器"，如图4-41所示。

图4-40

03 在"场景"面板中可以看到，基地的大小与位置都比较合适，并且触发器的边框刚好包裹住了游戏物体，如图4-42所示。

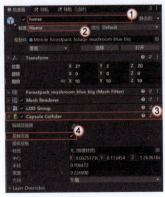

图4-41

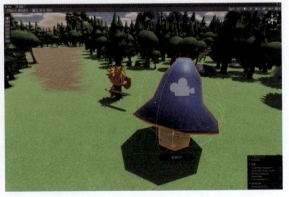

图4-42

04 在"项目"面板中添加一个"C#脚本",并重命名为HomeControl,然后将其挂载到Home物体上。双击打开脚本,编写代码。

```csharp
using UnityEngine;

public class HomeControl : MonoBehaviour
{
    // 血量
    public int Hp = 5;

    private void Start()
    {
        // 设置基地血量的 UI 显示
        UIManager.Instance.setHomeHp(Hp);
    }

    // 当有物体进入时触发
    private void OnTriggerEnter(Collider other)
    {
        // 如果是敌人碰到基地
        if (other.tag == "Enemy")
        {
            // 基地掉血
            Hp--;
            // 销毁敌人
            Destroy(other.gameObject);
            // 如果基地血量为 0
            if (Hp == 0)
            {
                // 游戏结束
                Debug.Log("游戏结束");
            }
            // 更新基地血量的 UI 显示
            UIManager.Instance.setHomeHp(Hp);
        }
    }
}
```

05 运行游戏,可以看到左上角的基地血量已经不是默认的0,而是设置好的5,如图4-43所示。游戏基地就设置完成了。

图4-43

4.6 完善敌人

飞羽 终于到了最后了,接下来制作一下敌人相关内容,项目就完成了!

小萌 哈哈,感觉通过制作项目,Unity的基础也复习得差不多了,而且还彻底掌握了状态模式,收获丰富啊!

4.6.1 敌人逻辑

01 导入敌人资源。执行"窗口>资产商店"菜单命令,在资产商店中下载并导入Mini Legion Grunt PBR HP Polyart,如图4-44所示。为了保证制作案例时使用的资源版本与本书一致,读者可以直接从本书提供的资源中导入该资源。

02 在"项目"面板中,选中Mini Legion Grunt PBR HP Polyart/Prefab/GruntPBR,将其拖曳到"层级"面板中,并修改名称为Enemy,使用该模型作为敌人,如图4-45所示。

图4-44　　　　　　　　　　　　　　　　　　图4-45

03 设置敌人的"标签"为Enemy,并依次添加Nav Mesh Agent、Capsule Collider、Rigidbody组件。这里要理解清楚这3个组件的作用,Nav Mesh Agent是为了让敌人支持寻路并移动,Capsule Collider与Rigidbody是为了让敌人支持物理碰撞,例如使用鼠标单击与进入基地触发器。参数如图4-46所示。

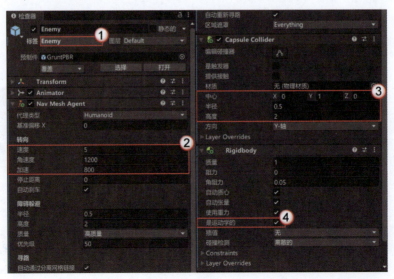

图4-46

04 在"项目"面板中找到 Mini Legion Grunt PBR HP Polyart/Animations/Grunt,双击打开该敌人动画控制器文件,如图4-47所示。

05 这里只保留3个动画状态,即Idle、Attack01、Run,将剩余状态与过渡线选中并按Delete键删除,如图4-48所示。

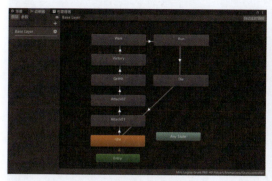

图4-47　　　　　　　　　　　　　　　图4-48

06 下面进行动画之间的过渡设置,请按下列步骤进行操作,如图4-49所示。

设置步骤

- ①在"动画器"面板中选择Idle,然后单击鼠标右键,选择"创建过渡"命令,再次单击Run,创建从站立到跑步的过渡。
- ②在"动画器"面板中选择Run,然后单击鼠标右键,选择"创建过渡"命令,再次单击Idle,创建从跑步到站立的过渡。
- ③在"动画器"面板中选择Idle,然后单击鼠标右键,选择"创建过渡"命令,再次单击Attack01,创建从站立到攻击的过渡。
- ④在"动画器"面板中选择Attack01,然后单击鼠标右键,选择"创建过渡"命令,再次单击Idle,创建从攻击到站立的过渡。
- ⑤在"动画器"面板中选择Run,然后单击鼠标右键,选择"创建过渡"命令,再次单击Attack01,创建从跑步到攻击的过渡。

07 在"动画器"面板中切换到"参数"选项卡,单击"加号"按钮,创建两个Bool类型的参数并命名为IsRun与IsAttack,如图4-50所示。

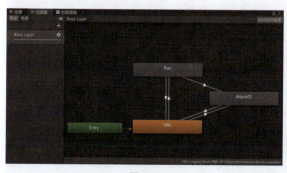

图4-49　　　　　　　　　　　　　　　图4-50

08 设置过渡参数。单击Idle到Run的过渡线,在"检查器"面板中单击"加号"按钮,添加一个IsRun参数并设置为true,表示允许从站立动画切换到跑步动画,然后取消勾选"有退出时间"选项,保证切换动画的流畅度,如图4-51所示。

图4-51

09 单击Run到Idle的过渡线，在"检查器"面板中单击"加号"按钮，添加一个IsRun参数并设置为false，表示允许从跑步动画切换到站立动画，然后取消勾选"有退出时间"选项，如图4-52所示。

10 单击Idle到Attack01的过渡线，在"检查器"面板中单击"加号"按钮，添加一个IsAttack参数并设置为true，表示允许从站立动画切换到攻击动画，然后取消勾选"有退出时间"选项，如图4-53所示。

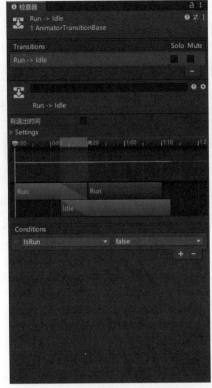

图4-52　　　　　　图4-53

11 单击Run到Attack01的过渡线，在"检查器"面板中单击"加号"按钮，添加一个IsAttack参数并设置为true，表示允许从跑步动画切换到攻击动画，然后取消勾选"有退出时间"选项，如图4-54所示。

12 单击Attack01到Idle的过渡线，在"检查器"面板中单击"加号"按钮，添加一个IsAttack参数并设置为false，表示允许从攻击动画切换到站立动画，然后取消勾选"有退出时间"选项，如图4-55所示。

 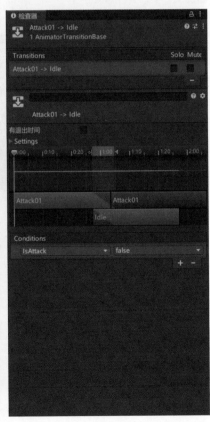

图4-54　　　　　　图4-55

13 这样动画就设置好了,接下来在"项目"面板中将之前创建的 **EnemyControl** 脚本挂载到敌人(Enemy)身上,双击打开脚本,修改代码。

```
using UnityEngine;
using UnityEngine.AI;

// 敌人状态
enum EnemyState
{
    // 攻击
    Attack,
    // 移动
    Move
}

public class EnemyControl : MonoBehaviour
{
    // 敌人血量
    public int Hp = 100;
    // 敌人攻击力
    public int Attack = 10;
    // 敌人奖励经验
    public int Reward_Exp = 50;
    // 动画组件
    private Animator ani;
    // 敌人状态,默认为移动
    private EnemyState state = EnemyState.Move;
    // 玩家脚本
    private PlayerControl player;
    // 基地脚本
    private HomeControl home;
    // 导航代理组件
    private NavMeshAgent agent;

    void Start()
    {
        // 获取动画组件
        ani = GetComponent<Animator>();
        // 获取玩家身上的玩家脚本
        player = GameObject.FindWithTag("Player").GetComponent<PlayerControl>();
        // 获取基地身上的基地脚本
        home = GameObject.FindWithTag("Home").GetComponent<HomeControl>();
        // 获取导航代理组件
        agent = GetComponent<NavMeshAgent>();
    }
}
```

```csharp
// 敌人受到攻击
public void GetHit(int attack)
{
    // 计算伤害偏差
    int num = Random.Range(-2, 3) + attack;
    // 减少血量
    Hp -= num;
    // 弹出漂浮文字，提示当前敌人减少的血量
    UIManager.Instance.Show(transform.position + Vector3.up * 2, "-" + num);
    // 如果血量小于等于 0
    if (Hp <= 0)
    {
        // 为角色添加经验
        PlayerControl.Instance.addExp(Reward_Exp);
        // 删除敌人
        Destroy(gameObject);
    }
}

void Update()
{
    // 根据敌人状态的不同执行不同的逻辑
    switch (state)
    {
        // 攻击状态
        case EnemyState.Attack:
            // 调用攻击方法
            AttackPlayer();
            break;
        // 移动状态
        case EnemyState.Move:
            // 调用移动方法
            Move();
            break;
    }
}

// 向基地移动
void Move()
{
    // 如果玩家血量大于 0，则证明玩家当前是存活状态
    if (player.Hp > 0)
    {
        // 切换敌人状态为攻击状态，敌人会朝向玩家移动并攻击
```

```csharp
            state = EnemyState.Attack;
            return;
        }
        // 开启寻路功能
        agent.isStopped = false;
        // 设置寻路目标位置为基地位置
        agent.SetDestination(home.transform.position);
        // 取消攻击动画
        ani.SetBool("IsAttack", false);
        // 开始移动动画
        ani.SetBool("IsRun", true);
    }

    // 向角色移动并攻击
    void AttackPlayer()
    {
        // 如果玩家血量小于等于 0,则证明玩家当前是死亡状态
        if (player.Hp <= 0)
        {
            // 切换状态,如果玩家死亡,敌人就会向基地移动
            state = EnemyState.Move;
            return;
        }
        // 计算敌人与玩家的距离
        float dis = Vector3.Distance(transform.position, player.transform.position);
        // 如果距离大于 2
        if (dis > 2)
        {
            // 开启导航功能
            agent.isStopped = false;
            // 设置导航目标为玩家位置
            agent.SetDestination(player.transform.position);
            // 取消攻击动画
            ani.SetBool("IsAttack", false);
            // 开始移动动画
            ani.SetBool("IsRun", true);
        }
        else
        {
            // 停止导航功能
            agent.isStopped = true;
            // 旋转朝向玩家
            transform.rotation = Quaternion.LookRotation(player.transform.position - transform.position, Vector3.up);
            // 取消移动动画
```

```
        ani.SetBool("IsRun", false);
        // 开始攻击动画
        ani.SetBool("IsAttack", true);
    }
}

// 攻击动画事件
void AttackFunc()
{
    // 玩家受到伤害
    player.GetHit(Attack);
}
```

> **技巧提示** 在上述代码中，可以观察到一个名为AttackFunc的攻击方法。该方法通过减少血量来对玩家造成伤害，然而在代码中尚未调用该方法，因此需要确定在何时调用该方法。与增加玩家的脚步声类似，攻击动画也需要增加设置一个伤害事件。当动画中的武器向前挥舞时，可以通过调用该攻击方法来实现伤害效果。

14 在"层级"面板中选中Enemy，然后执行"窗口>动画>动画"菜单命令或者按快捷键Ctrl+6打开"动画"面板，并单击左上角的动画名称来切换到Attack01动画，如图4-56所示。

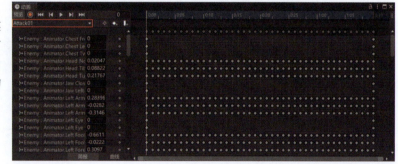

图4-56

15 通过拖曳白线来预览动画，这里可以看到在16帧的时候是攻击中武器挥舞到前方的状态，如图4-57所示。

图4-57

16 回到"动画"面板，拖曳右侧面板中的白色竖线到16帧的位置，然后单击"添加事件"按钮，如图4-58所示。

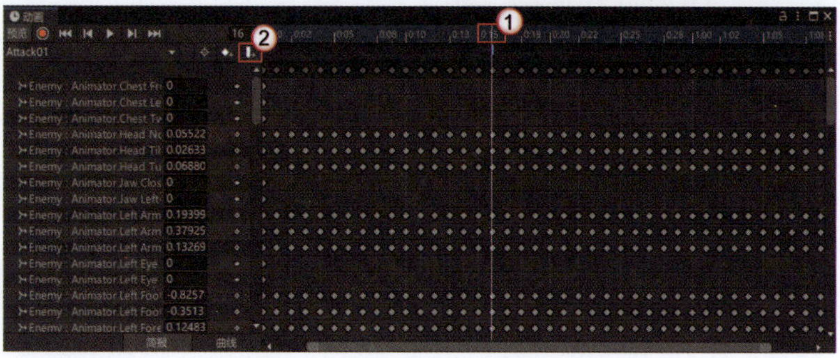

图4-58

17 添加完事件后保证事件在选中状态，然后在"检查器"面板中选择Function(事件方法)为脚本中定义的AttackFunc方法，如图4-59所示。

图4-59

18 运行游戏，单击地面来控制角色移动，可以看到敌人已经会追随玩家进行移动了，如图4-60所示。

19 如果原地不动，当敌人追到角色附近的时候就会开始进行攻击，这时可以看到左上角UI中的血量也会减少，如图4-61所示。

图4-60　　　　　　　　　　　　　　　　图4-61

20 如果使用鼠标右键单击敌人，敌人就会受到伤害，并且敌人在死亡时会消失，如图4-62所示。

21 如果主角被敌人消灭，就可以看到敌人会向基地移动，然后进入基地，敌人消失，基地的血量会减少，如图4-63所示。可以看到敌人逻辑已经正常了，最后只需要将"层级"面板中的Enemy拖曳到"项目"面板中生成预设体，然后删除"层级"面板中的Enemy即可。

图4-62　　　　　　　　　　　　　　　　图4-63

> **技巧提示** 在敌人脚本的逻辑中，可以观察到敌人也采用了状态模式。由于状态较少，因此并没有为每个状态单独创建脚本，而是通过Switch语句在单个脚本中实现状态的切换。如果想要扩展敌方的状态，读者可以仿照主角的做法，将敌方的每个状态都变成独立的脚本，这样一来，逻辑就会更加清晰明了。

4.6.2 敌人孵化器

01 在"项目"面板中，选中Mini Legion Grunt PBR HP Polyart/Prefab/GruntPBR，将其拖曳到"层级"面板中，并重命名为EnemyPoint，将其放置在希望敌人出现的位置上，如图4-64所示。

02 在"层级"面板中展开EnemyPoint子物体，然后选中并删除GruntMesh子物体，或者取消该物体的激活状态，这样该物体就成为了一个不会显示的敌人孵化点，如图4-65所示。

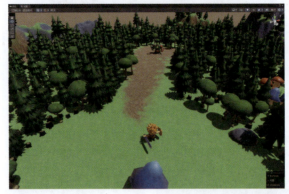 

图4-64   图4-65

03 在敌人孵化点放置一些特效。在"项目"面板中选中JMO Assets/Cartoon FX Remaster/CFXR Prefabs/Magic Misc/CFXR3 Magic Aura A (Runic)，将其拖曳到"场景"面板中敌人孵化点的附近，这样玩家就可以很清晰地知道敌人是在哪个位置出现的，如图4-66所示。

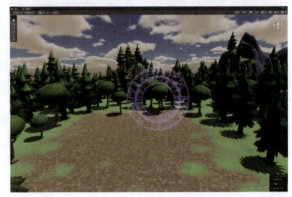

图4-66

04 在"项目"面板中添加一个"C#脚本"，并重命名为EnemyPoint，然后将其挂载到EnemyPoint物体上。双击打开脚本，编写代码。

```
using UnityEngine;

public class EnemyPoint : MonoBehaviour
{
    // 需要在"检查器"面板上关联上一小节中保存的 Enemy 预设体
    public GameObject EnemyPre;
    // 游戏总共有多少个敌人
    public int count = 30;
    // 当前出了几个
    private int currentCount = 0;
    // 多长时间出一个敌人
    public float interval = 2;
    // 计时器计时，每增加到上面的时间间隔，就会出现一个新的敌人，首次为负数，所以第一个敌人出现前空隙时间较长
    private float timer = -5;

    void Update()
```

```csharp
{
    // 计时器增加时间
    timer += Time.deltaTime;
    // 如果计时器到时并且敌人还没出完
    if (timer >= interval && currentCount < count)
    {
        // 计时器重置
        timer = 0;
        // 出现的敌人计数增加
        currentCount++;
        // 实例化一个敌人并获得敌人身上的控制脚本
        EnemyControl enemy = Instantiate(EnemyPre, transform.position, transform.rotation).GetComponent<EnemyControl>();
        // 敌人的攻击力随出现的个数而增加
        enemy.Attack += currentCount;
        // 敌人的血量也随出现的个数而增加
        enemy.Hp += currentCount * 10;
        return;
    }

    // 如果出兵计数与出兵总数相同
    if (currentCount == count)
    {
        currentCount++;
        // 出兵结束
        Debug.Log("敌人出兵结束");
        return;
    }
}
```

05 运行游戏，稍微等待后可以看到敌人会从孵化点依次出现，如图4-67所示。

图4-67

06 至此，最终游戏效果就实现了，最终效果如图4-68所示。敌人孵化点会不断出现敌人，敌人的攻击力与血量会随着敌人出现数量的增加而增加。玩家可以使用普通攻击和技能消灭敌人，攻击力与血量会随着玩家的升级而增加。该类型的游戏很容易扩展出更多功能，如果读者有更多时间，建议将此示例进行扩展，例如敌人的种类、敌人的攻击手段、主角技能等。

图4-68

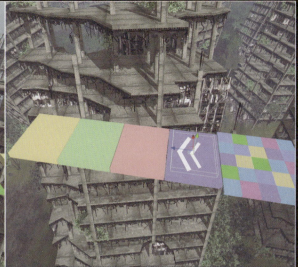

第 3 篇　派对类网络游戏

■ 学习目的

　　本篇将制作一个休闲跑酷网络游戏。本游戏将采用多种技术，包括编写预设体，如跳跃区、变速区等，并通过关卡设计搭建跑道。核心内容是网络编程，包括创建服务端和实现客户端的数据同步。关键点包括独立创建客户端和服务端项目以专注通信代码学习；使用Socket框架和Json格式进行通信；采用简单数据同步模式，未来可考虑优化或替换。本游戏未涉及数据库接入。读者掌握网络通信后，可尝试制作不同类型的网络游戏，并探索更多可能性。

第5章 元宇宙网络游戏：多人跑酷

当前，元宇宙的概念备受关注并且有着巨大的潜力。无论读者从事哪个行业，应该都对这个词有所耳闻。本章将简要介绍一下什么是元宇宙，并且制作元宇宙游戏中比较受欢迎的游戏类型——休闲跑酷。

5.1 元宇宙

小萌，你有没有听说过元宇宙？ 飞羽

小萌 当然听说过啦！但是我感觉很复杂，很多不同领域的人都在提元宇宙，却一直没懂什么是元宇宙。

哈哈，那接下来就了解一下什么是元宇宙。了解后你就会发现，你所接触的元宇宙或许没那么复杂了。 飞羽

5.1.1 元宇宙概念

首先需要明确，元宇宙是一个相对较新的概念，诞生不久，目前仍在不断发展和演变。因此，元宇宙没有一个统一而明确的定义，这也导致很多人对元宇宙并不完全了解，尽管他们可能听说过。总的来说，元宇宙可以被理解为一个虚拟化的数字空间，人们可以在其中通过虚拟方式进行社交、工作、游戏等活动。因此，如果通过某种技术构建了这样一个虚拟空间，那么可以说已经接触到了元宇宙。

元宇宙这个词最早出现于1992年，源自一本小说。小说中的人们沉迷于一个虚拟现实网络，在这个虚拟世界中可以进行社交、工作、游戏等活动，初步形成了元宇宙的概念。直到近几年，元宇宙才迎来了突飞猛进的发展。

Roblox是一个大型多人在线游戏平台，玩家可以使用Roblox Studio工具创建自己的游戏，使得玩家既可以充当游戏作者，也可以作为玩家参与其他创作者的游戏。Roblox平台具备多个元宇宙特征，例如虚拟游戏空间、个性化虚拟身份、虚拟货币交易、社交互动，以及玩家创造的虚拟物品和角色等。这一平台的成功让更多人看到了元宇宙中的机会。此外，一些优秀作品，例如《刀剑神域》和《头号玩家》等，也为更多年轻人普及了元宇宙的概念。

元宇宙的重要特征之一是构建虚拟世界。近年来，虚拟现实技术的发展使得元宇宙的构建变得更加便捷。例如VRChat，这款多人虚拟现实社交软件允许玩家自定义虚拟形象，并在共享的虚拟空间中与其他玩家进行交流和游戏。可以说，VRChat是目前VR领域中较为接近元宇宙概念的应用之一。元宇宙概念画面如图5-1所示。

图5-1

5.1.2 元宇宙游戏

作为一个游戏开发者,很可能会选择通过游戏的方式来创建一个简单的元宇宙。这个想法是正确的,因为游戏是创建虚拟空间的比较容易、便捷的方式。但需要明确的是,游戏只是实现元宇宙的一种方式,而并非元宇宙就等同于游戏。

如今,技术的发展使游戏开发变得比以前更容易,使用成熟的游戏引擎就可以轻松制作一款游戏,并在其中融入经过多年实践的具有元宇宙特点的游戏技术。下面列举一些例子。

虚拟货币和交易: 在游戏中可以轻松实现虚拟货币系统以及玩家之间的交易。

社交元素: 游戏中可以轻松地实现社交元素。如今大量的网络游戏已经包含非常丰富的社交元素,例如,可以创建一个公园供玩家在一起社交,或者创建一个会议室让参与的人可以在虚拟的会议室中开会,又或者创建一间教室让参与的老师与学生可以在虚拟的教室中完成学习任务等。

内容创造: 游戏中可以很容易地实现内容创造,包括各种虚拟元素或者是小型多人游戏等内容。配合虚拟货币与社交元素,可以产生完善的虚拟小型社会与商业模式,让参与者可以通过多种方式消费或盈利。

跨平台性: 游戏的跨平台性让玩家可以很容易地在任何地方使用计算机、主机设备、手机等方式进入游戏,达到随处进出元宇宙的目的。

这样元宇宙就形成了。例如,上一小节介绍的Roblox就是典型的使用游戏平台的方式实现了元宇宙。除此之外,近年来也有很多大型游戏公司开始布局自己的元宇宙游戏平台。元宇宙游戏示例画面如图5-2所示。

图5-2

5.2 游戏策划

 小萌:原来这就是元宇宙啊!接下来就要制作一个具有元宇宙属性的网络游戏吗?

飞羽:在当前的元宇宙游戏平台中,"火爆"的游戏类型当数多人跑酷。简单的竞技性与社交性让其常年成为排行榜的常客。接下来我们将这种游戏类型抽离出来,制作独立的游戏。

 小萌:网游开发会不会很难?

飞羽:放心,这个游戏类型属于网游中较为简单的游戏类型。当你掌握了网络游戏的制作方法后,就可以将其扩展为更为有趣的游戏了。

5.2.1 游戏背景

在一个被怪物侵蚀的未来世界中,到处都是废墟,许多城市与乡村已经荒无人烟。为了在这个危险的环境中生存下来,幸存的人类发明了一项引人注目的未来科技——空中走廊。通过空中走廊,人们可以在空中安全地移动。作为最后的避难所，空中走廊还设有一些陷阱，以防止怪物轻易侵入。这个独特的设施为人们提供了在空中安全移动的通道。

在这个充满危机的环境中，人们发现了制约怪物肆虐的唯一解药——怪物疫苗。为了生存下去，科学家们日夜不停地研究着这一疫苗，并最终将其成功研发了出来。

故事的主角是一位身体素质不错的科学家，被委派将疫苗安全地运送到科学站的任务。只有在抢先于怪物之前成功抵达科学站，疫苗才能进行大规模生产，为人类赢得战胜怪物的机会。

5.2.2 玩法内容

游戏开始后，所有玩家将会出现在空中走廊的起始位置。每一位玩家都将自己视为正常角色，而其他玩家则被视为怪物。接下来，玩家在空中走廊中进行移动，当有玩家角色到达终点时，则游戏胜利，其他玩家则失败。空中走廊包含多个功能区域，例如加速移动、减速移动、检查点和跳跃区等。在移动过程中，玩家若不慎从空中走廊掉落下来，则会将玩家自动传送回上一个检查点。

场景： 包含破败的城市与空中走廊。
角色： 只能在空中走廊移动。
扩展性： 可以对空中走廊的功能区域进行扩展与添加，也可以扩展不同特性的玩家角色。

5.2.3 实现路径

本小节主要介绍实现路径。

1.实现步骤

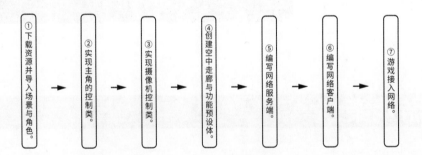

2.操作按键

本游戏的操作按键及功能介绍如表5-1所示。

表5-1

按键	功能
W	向前移动
S	向后移动
A	向左移动
D	向右移动
Space	跳跃

3.出场人物

本游戏的出场角色及背景如表5-2所示。

表5-2

角色	主角	怪物
形象	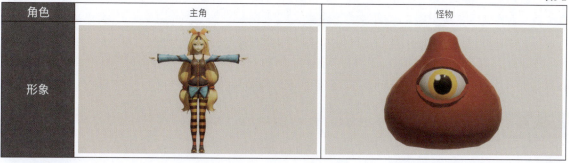	

4.动画片段

本游戏的动画片段如表5-3所示。

表5-3

角色	状态	动画		
主角	站立			
	移动			
	跳跃			
怪物	站立			
	移动			
	跳跃			

5.3 创建项目

接下来导入素材，一起创建游戏项目。 飞羽

5.3.1 导入场景

01 创建一个新的游戏项目，执行"窗口>资产商店"菜单命令，导入城市资源，因为这里城市资源只是作为背景，所以任选一个自己喜欢的城市资源即可，例如Real New York City Vol. 2，如图5-3所示，也可以选择Destroyed City FREE，如图5-4所示。

图5-3

图5-4

02 读者还可以使用其他城市资源，笔者使用Destroyed City FREE资源，下载或从本书提供的资源中导入该资源。双击"项目"面板中的Destroyed_city_FREE/Scenes/destroyed_city，打开示例场景，效果如图5-5所示。

03 在"层级"面板中，可以看到场景中自带一个First Person Controller（第一人称控制器），因为这里不需要它，所以将其选中并按Delete键删除。在"层级"面板中，单击"加号"按钮，选择"摄像机"，创建一个新的摄像机物体，完成后的"层级"面板如图5-6所示。

图5-5

图5-6

5.3.2 空中走廊

01 创建空中走廊。在"层级"面板中单击"加号"按钮，选择"3D物体"中的"立方体"，创建一个新的立方体并命名为Start。选中立方体，在"检查器"面板中添加并设置"标签"为Ground，然后设置"位置"与"缩放"，具体参数如图5-7所示。

图5-7

02 在"层级"面板中选中摄像机Camera,在"检查器"面板中设置"标签"为MainCamera,同时设置"位置"和"旋转",具体参数如图5-8所示。当前游戏场景如图5-9所示,可以看到创建了空中走廊的起点。

图5-8　　　　　　　　　　　　　　　　　　　　图5-9

03 创建一些材质,给3D物体赋予不同的颜色。在"项目"面板中单击"加号"按钮，选择"材质",创建材质球,这里创建了4个材质球并设置了不同的颜色,如图5-10所示。

04 创建多个3D物体,将它们连接成一个简单的空中走廊,并赋予不同的颜色,如图5-11所示。

05 将所有的走廊物体的"标签"设置为Ground,代表地面,如图5-12所示。

图5-10　　　　　　　　图5-11　　　　　　　　图5-12

> **技巧提示** 如果使用其他城市资源,则只需根据自己的想法布置空中走廊即可。需要注意的是,要保持方向与坐标轴统一,例如,我们让Z轴表示场景中的前方,X轴表示场景中的右方。

5.4 功能区域

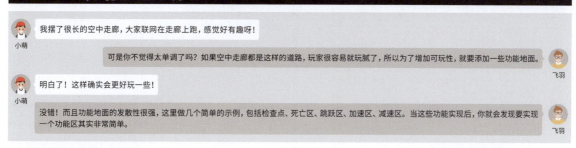

5.4.1 检查点

在许多游戏中,可能经常会遇到这样的情景:主角行进一段距离,到达某个特定位置后游戏会提示"到达检查点"或"自动保存"。这个特定位置就是游戏中的检查点。

检查点是一种储存游戏状态的机制,不同的游戏中可能有不同的检查点功能,但其核心功能基本相同。在角色扮演游戏(RPG)中,常见的情况是在玩家走出迷宫时会设置一个检查点,以防止因角色死亡或游戏异常退出而从头开始。同样,打败Boss后也通常会设置一个检查点,避免因特殊情况导致需要重新挑战Boss。

检查点的存在为玩家提供了更好的游戏体验,避免了不必要的重复努力,让游戏更具流畅性和可玩性。简单来说,检查点拥有以下功能。

储存游戏进度: 保存玩家的游戏进度。它记录了玩家的位置、旋转角度、所持物品、装备、任务等本地化状态。这意味着即使在游戏失败或退出后,玩家也能够从上一个检查点开始继续游戏,而不必从头开始。

避免重复攻略: 现在在很多RPG游戏中,主线内容其实很短,那么为了增加游戏时长,会设置很多很复杂的迷宫,让玩家将大量时间花费在迷宫当中。有些玩家可能需要耗时几个小时才能走出一个迷宫,如果因为某些原因导致进度丢失,而需要再次挑战这个迷宫,那么玩家可能会放弃这款游戏。所以游戏设计时要考虑这个问题,避免玩家重复攻略。

确保游戏流畅性: 检查点的设置使游戏更具流畅性。玩家可以更放心地探索游戏世界,无须担心操作失误会带来巨大的回溯成本。尤其是在休闲类游戏中,检查点可以让玩家在游戏中享受轻松的探索过程,减轻了压力,使游戏更富有娱乐性。在正在制作的跑酷游戏中,检查点的重要性尤为突出,因为这类游戏本身就是以轻松休闲为特点的。

图5-13

01 创建一个检查点区域,在"层级"面板中单击"加号"按钮➕,选择"3D对象"中的"立方体",创建一个立方体,并重命名为CheckPoint。在"检查器"面板中关闭Mesh Renderer组件,并将Box Collider设置为触发器,如图5-13所示。

02 在"项目"面板中单击"加号"按钮➕,添加一个"C#脚本",并重命名为CheckPoint,然后将其挂载到检查点物体上。双击打开脚本,编写代码。

```
using System.Collections;
using System.Collections.Generic;
using UnityEngine;

// 检查点脚本
public class CheckPoint : MonoBehaviour
{
    // 保存当前角色的位置
    public static Vector3 savePosition;

    // 当角色进入触发器
    private void OnTriggerEnter(Collider other)
    {
        // 判断如果是玩家
        if (other.CompareTag("Player"))
        {
            // 保存玩家的当前位置
            savePosition = transform.position;
            // 这里还可以保存其他状态,目前我们只需要保存位置
        }
    }
}
```

03 将其放置在空中走廊的起始处，因为起始处就需要保存一下状态，然后将其拖曳到"项目"面板中生成预设体，如图5-14所示。在后面制作空中走廊的过程中，保持一段距离放置一个检查点预设体即可。

图5-14

5.4.2 死亡区

在游戏中，玩家角色从空中走廊掉落后的处理方式是一个关键问题。这里简单列出常见的处理方式。

直接落到地面： 当玩家角色掉落时，可以选择不做处理，让其落到最下方的地面上，然后从某个指定位置再传送回空中走廊。这种方式在一些游戏中较为常见，但玩家可能会因为总要从头开始游戏而感到沮丧。

添加空气墙： 在空中走廊的两边加上空气墙，阻止玩家掉落。这样可以确保玩家不会意外掉落，但也可能削弱游戏的挑战性，因为没有掉落的风险。

传送到检查点： 在许多跑酷类游戏中，常见的做法是在角色掉落后将其传送回空中走廊上的上一个检查点。这种设计有助于提高游戏的挑战性，同时避免了总要从头开始的问题，减轻了玩家的压力。即使在跳跃和障碍的挑战时掉落，玩家仍然可以迅速回到之前的进度点，避免了过度惩罚，使游戏更具娱乐性。

在本游戏中，我们选择了"传送到检查点"的方式。这种方式在玩家失败时提供了一种轻松的重试机会，鼓励他们继续挑战更难的关卡。这同时也符合跑酷类型游戏通常追求的简单上手、高难度和反复尝试的特点。通过巧妙设置检查点，既能保持游戏有足够的难度，又能让玩家在失败后快速回到游戏中，保持了游戏的流畅性和较好的玩家体验。

在空中走廊的下方添加了一个巨大的触发器，通常称为死亡区。当玩家进入这个触发器时，就表示玩家从空中走廊掉落下去了，随后会将玩家传送回到上一个检查点，确保游戏不被中断。

01 在"层级"面板中创建一个立方体，并重命名为DeadArea，在"检查器"面板中关闭Mesh Renderer组件，并将Box Collider设置为触发器，如图5-15所示。

图5-15

02 在"项目"面板中添加一个"C#脚本"，并重命名为DeadArea，然后将其挂载到死亡区域物体上。双击打开脚本，编写代码。

```
using System.Collections;
using System.Collections.Generic;
using UnityEngine;

// 死亡区域
public class DeadArea : MonoBehaviour
```

```
{
    // 当角色进入死亡触发器
    private void OnTriggerEnter(Collider other)
    {
        // 判断如果是玩家角色
        if (other.CompareTag("Player"))
        {
            // 将玩家角色的位置设置为检查点储存的位置
            other.transform.position = CheckPoint.savePosition;
        }
    }
}
```

03 将DeadArea物体放置到空中走廊的下方,并随着游戏后续制作随时修改其大小,使其尽量覆盖全部空中走廊,如图5-16所示。

> **技巧提示** 在后面的制作过程中,随着空中走廊的面积不断增大,死亡区的范围也要随之增大。

图5-16

5.4.3 跳跃区

跳跃区是一种常见的且有趣的设计元素,它可以自动给予玩家角色向上的力量,从而使其进行一次跳跃。通过在游戏场景中恰当地放置跳跃区,可以增加游戏的难度和趣味性。这一设计元素为游戏增加了一定的挑战,因为玩家需要准确控制角色在跳跃区内的跳跃高度和方向。利用跳跃区可以轻松创造出许多复杂而有趣的关卡,从而提升游戏的可玩性。

01 在"层级"面板中添加一个立方体,并重命名为JumpArea,在"检查器"面板中关闭Mesh Renderer组件,并将Box Collider设置为触发器,如图5-17所示。

图5-17

02 在"项目"面板中创建一个"C#脚本",并重命名为JumpArea,然后将其挂载到跳跃区域物体上。双击打开脚本,编写代码。将"层级"面板中的跳跃区域拖曳到"项目"面板中生成预设体,然后将"层级"面板中的跳跃区域删除即可,具体跳跃区域的放置位置在后续内容中会介绍。

```
using System.Collections;
using System.Collections.Generic;
using UnityEngine;

public class JumpArea : MonoBehaviour
{
    // 是否开启跳跃功能
    public bool jump = true;

    // 当角色进入跳跃区
    private void OnTriggerEnter(Collider other)
    {
        // 如果进入区域的是玩家角色
        if (other.CompareTag("Player"))
        {
            // 如果该区域开启了跳跃功能
            if (jump)
            {
                // 获取玩家角色身上的刚体组件
                Rigidbody rbody = other.GetComponent<Rigidbody>();
                // 给刚体组件一个向上的跳跃力
                rbody.AddForce(Vector3.up * 6000);
            }
        }
    }
}
```

5.4.4 变速区

变速区与跳跃区相似,是一种常见的且有趣的设计元素。当玩家角色进入该区域时,移动速度会发生变化,可能会加速,也可能会减速。通过在游戏场景中合适的位置放置变速区,可以让玩家在不同的速度下完成关卡。变速区的设置能够使游戏更加富有策略性。如果想要提高游戏的挑战性,可以将变速区放置在需要更高操作难度的位置,增加玩家的反应压力。相反,如果希望游戏更为轻松,就可以将变速区设置在相对容易的区域,给予玩家更多的缓冲时间,使游戏更加偏向娱乐性。

01 在"层级"面板中创建一个立方体,并重命名为SpeedArea,在"检查器"面板中关闭Mesh Renderer组件,并将Box Collider设置为触发器,如图5-18所示。

图5-18

02 在创建变速区的脚本之前,要创建一个玩家脚本,并定义一个速度变量。在"项目"面板中创建一个"C#脚本",并重命名为PlayerControl,然后将其挂载到变速区域物体上。双击打开脚本,编写代码。

```
using UnityEngine;

public class PlayerControl : MonoBehaviour
{
    // 玩家的默认速度
    public float speed = 5f;
}
```

03 创建变速区的脚本。在"项目"面板中创建一个"C#脚本",并重命名为**SpeedArea**,然后将其挂载到变速区域物体上。双击打开脚本,编写代码。将"层级"面板中的变速区域拖曳到"项目"面板中生成预设体,然后将"层级"面板中的变速区域删除即可。

```
using System.Collections;
using System.Collections.Generic;
using UnityEngine;

// 变速区域,进入该区域后会在一定时间内更改玩家速度
public class SpeedArea : MonoBehaviour
{
    // 该区域的修改速度
    public float speed = 8f;
    // 速度持续时间
    public float timer = 3f;

    // 当角色进入变速区
    private void OnTriggerEnter(Collider other)
    {
        // 如果是玩家角色
        if (other.CompareTag("Player"))
        {
            // 获取玩家脚本
            PlayerControl playerControl = other.GetComponent<PlayerControl>();
            // 修改玩家脚本的速度
            playerControl.speed = speed;
            // 在持续时间结束后调用方法恢复速度
            Invoke("ReSpeed", timer);
        }
    }

    // 恢复默认速度
    void ReSpeed()
    {
        // 获取玩家脚本
        PlayerControl playerControl = GameObject.FindWithTag("Player").GetComponent<PlayerControl>();
        // 恢复默认速度
        playerControl.speed = 5;
    }
}
```

技巧提示 这里一共制作了4个功能区域,但实际上可以做更多有意思的功能区域,请一定要尝试多制作几个其他功能区域。

5.5 关卡策划

 太好玩了，我创建了很多功能区域预设体，准备放置在空中走廊，一定会很好玩！
小萌
没有那么简单哦！如果你希望游戏有更多人玩，就一定要注意游戏的难度曲线与游戏节奏。如果只按自己的想法去摆预设体，可能玩家数量不会很多哦！
飞羽

5.5.1 关卡设置

大多数游戏都采用分关卡的设计，这是因为一般游戏的全部内容通常较为庞大。分关卡的设计带来了许多好处。对于玩家而言，这种设计方便了解游戏的整体进度。对于开发者来说，分关卡则成为了一个灵活的工具，可以通过逐渐增加关卡来控制游戏的难度，并在增加关卡的同时引入更多的奖励机制。

01 这里为了方便对游戏进行讲解，对空中走廊的摆法进行一些规范，将5个立方体的长度作为一个关卡，如图5-19所示。可以看到一共有10个立方体，即设定这是两个关卡。

02 为了更容易地区分关卡，将每个关卡的第1个立方体都设置为蓝色立方体，并且修改"缩放"参数，让该立方体稍微大于其他立方体，如图5-20所示。

图5-19

图5-20

03 修改后就可以轻松区分第1关与第2关了。如果还想更容易地区分，可以将每一关的第1块立方体修改为其他样式，例如这里修改成了由很多不同颜色的小立方体组成的大立方体，并且在"层级"面板中将其名称修改为Level1、Level2，这样关卡的区分就更加清楚了，如图5-21所示。

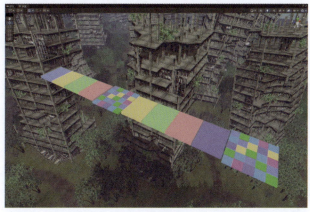
图5-21

5.5.2 关卡UI

这里既然有了关卡的概念,那么就应该将其显示出来。接下来创建一个关卡UI。

01 在"层级"面板中,单击"加号"按钮➕,选择UI中"旧版 > 文本"命令,创建一个新的UI文本,并设置默认文字为"第1关",将其放置在自己喜欢的位置,这里为屏幕中上方,如图5-22所示。在游戏中的效果如图5-23所示。

图5-22

图5-23

02 在"项目"面板中创建一个"C#脚本",并重命名为UIManager,然后将其挂载到"层级"面板的Canvas物体上。双击打开脚本,编写代码。

```
using UnityEngine;
using UnityEngine.UI;

public class UIManager : MonoBehaviour
{
    // 单例对象
    public static UIManager Instance;
    // 关卡文本控件
    private Text levelText;

    void Awake()
    {
        // 设置单例
        Instance = this;
        // 获得子物体身上的文本控件
        levelText = GetComponentInChildren<Text>();
    }

    // 设置当前的关卡数
    public void SetLevel(int level)
    {
        // 设置关卡显示文本
        levelText.text = "第" + level + "关";
    }

}
```

03 接下来修改检查点的脚本，让其承载关卡变量，即修改CheckPoint脚本。

```csharp
using System.Collections;
using System.Collections.Generic;
using UnityEngine;

// 检查点脚本
public class CheckPoint : MonoBehaviour
{
    // 保存当前角色的位置
    public static Vector3 savePosition;
    // 关卡
    public int level = 1;

    // 当角色进入触发器
    private void OnTriggerEnter(Collider other)
    {
        // 判断如果是玩家
        if (other.CompareTag("Player"))
        {
            // 保存玩家的当前位置
            savePosition = transform.position;
            // 更新关卡文本显示
            UIManager.Instance.SetLevel(level);
        }
    }
}
```

04 将CheckPoint预设体放置到两个关卡上，如图5-24所示。

05 选中CheckPoint物体，在"检查器"面板中设置两个关卡分别为1与2即可。第2个关卡的设置如图5-25所示。之后创建的关卡都需要按上面的步骤，依次添加CheckPoint预设体，并在"检查器"面板中设置关卡数。

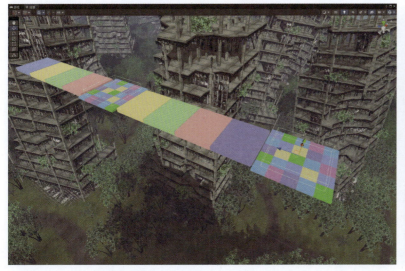

图5-24

图5-25

5.5.3 难度曲线

跑酷游戏因其轻松的氛围而成为休闲玩家的热门选择。然而，为了使更多玩家能长时间保持对游戏的喜爱，深入研究关卡设计中的难度曲线就变得至关重要。

许多读者在最初制作跑酷游戏时几乎没有考虑难度曲线，导致游戏全程过于简单或困难，甚至导致游戏的难度层级混乱，使玩家无法预测下一关的难易程度。这种不考虑难度曲线的游戏很难受到玩家的喜爱。有些读者可能会意识到难度曲线的重要性，但他们的想法过于简单，只知道游戏应该由简单到困难，而忽略了下一关应该比当前关卡更具挑战性，这会导致难度增加过快使玩家在游戏的中期阶段感到紧张和疲惫，进而放弃游戏。

较理想的难度曲线确实应该由简单到困难，但需要适度地给玩家提供喘息和休闲的时间。毕竟，不能忘记跑酷游戏的本质是休闲游戏，一味增加难度只会让玩家失去兴趣。那么如何同时做到在游戏由简单到困难的过程中有适度休闲呢？

可以将难度分为1~10，数字越大表示难度越高。来看看10个关卡的几种难度曲线，横坐标代表关卡数，纵坐标代表难度系数，如图5-26所示。从这个难度曲线可以观察到，随着关卡数量的增加，游戏的难度也逐渐增加。这会导致在较少的关卡后就出现巨大的难度跃升。该难度曲线更适用于关卡数量较少的游戏，例如过关类型的游戏。跑酷游戏通常有非常多的关卡，甚至超过100个，因此该难度曲线并不适用于这类游戏。

从图5-27所示的难度曲线可以看出，难度呈现出阶梯式的递增趋势。总体而言，难度一直在持续上升。阶梯式递增的特点是相对于前一个难度，当前难度的提升速度有所减缓，因此这种难度曲线更适合于关卡数量较多的游戏。

在图5-28所示的难度曲线中可以观察到随着关卡的进行，难度会上升和下降。这种难度曲线的问题在于游戏过早地引入了高难度的关卡，这导致玩家需要花费大量时间来挑战较低难度的关卡，结果是在游戏后期玩家会感到疲劳。因此，这个难度曲线并不适合跑酷游戏。

图5-29所示的难度曲线显示了一个曲线模式，尽管整体的难度有所上升，但上升速度相对较慢。这种模式非常适合关卡数量较多的跑酷游戏，因为它既能确保整体难度的上升，又能让玩家在挑战完高难度关卡后有一些缓冲时间去挑战低难度关卡。除了跑酷游戏之外，很多其他类型的游戏也会采用类似的难度曲线。

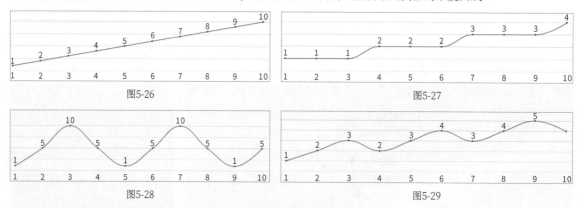

图5-26　　　　　　　　　　　　　　图5-27

图5-28　　　　　　　　　　　　　　图5-29

除了选择合适的难度曲线，还有一些在难度设定上需要注意的事情。

首先，作为休闲类型游戏，需要合理控制游戏的高难度关卡。如果因难度过高而无法掌控，就有可能导致大量玩家在高难度关卡上无法通过，从而"卡"关，最终放弃游戏。同样地，如果高难度关卡缺乏挑战性，就可能会降低游戏的可玩性，也无法拉开玩家之间的差距，让一些高手玩家无法获得成就感。

其次，应不断引入新元素。随着游戏进程的推进，应持续增加新的玩法和设计，以让玩家保持对游戏的新鲜感和探索感。

最后，必须设置适当的教学关卡。由于游戏中可能包含大量的玩法和机制，因此必须设置合适的关卡来帮助玩家学习这些玩法和机制，以免玩家因为不理解游戏而感到烦躁。

5.6 关卡制作

小萌：原来制作关卡还需要考虑这么多啊，那现在我能开始制作我的关卡了吗？

别急，一起做几关，统一了解一下制作关卡需要注意的事情，然后你再自由发挥！

飞羽

5.6.1 第1关

目前的场景已经摆放了两关，可以看到两关都是平路，如图5-30所示。要考虑到作为玩家接触的第1个关卡，玩家通常处于不熟悉游戏规则且完全不会玩的情况下。因此，重点是教会玩家如何移动角色。对于这个关卡来说，目前的平路设计是合理的。为了给玩家提供更好的游戏体验，可以在第1关中加入一些提示文字，以引导玩家进行游戏。

01 在"层级"面板中单击"加号"按钮，添加UI中的"画布"，创建一个新的UI画布，并重命名为Tip。这里希望文字也要作为3D空间中的游戏物体，所以将Tip的"渲染模式"属性设置为"世界空间"，"事件摄像机"属性设置为"层级"面板中的Camera。因为只需要显示一点文本，所以可以将其设置得小一些。具体参数设置如图5-31所示。

02 在"层级"面板中使用鼠标右键单击Tip，执行"UI>旧版>文本"菜单命令，创建一个文本控件，并设置文字内容为"键盘WASD移动，空格键跳跃，小心不要掉落下去！"，同时可以设置一下文字的大小与颜色，设置完成后将其放在第1关的位置即可，如图5-32所示。

图5-30

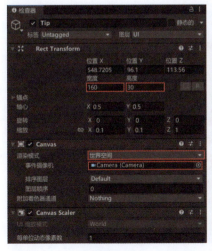

图5-31

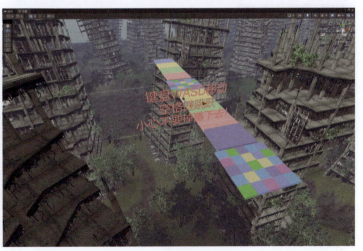

图5-32

5.6.2 第2关

第2关的目的是让玩家学会跳跃,所以可以调整第2关的立方体的高度,设计一个简单的阶梯关卡,如图5-33所示。

图5-33

5.6.3 第3关

在第3关中稍微增加了一些跳跃难度,通过增大立方体之间的间距,如图5-34所示,使玩家有掉下去的可能。这样可以练习玩家的跳跃能力,并且让玩家知道当他们掉下去时,会自动返回到上一个检查点的游戏逻辑。

图5-34

5.6.4 第4关

为了增加趣味性,第4关要求玩家学习如何在各种颜色的3D物体中避免碰到红色物体,因为一旦碰到红色物体,玩家将会死亡并被传送回上一个检查点,所以在游戏过程中,玩家需要想尽办法避开红色物体。

01 在"层级"面板中创建一个立方体,并重命名为RedCube。在"检查器"面板中将Box Collider设置为触发器,添加之前编写的脚本DeadArea。为其设置一个红色材质,将其拖曳到"项目"面板中生成一个预设体,方便后面的使用。将红色立方体摆放在合适的位置,效果如图5-35所示。

图5-35

02 当然，可以按照第1关的做法，为其添加一个文字说明，效果如图5-36所示。

图5-36

5.6.5 第5关

第5关旨在帮助读者学习如何编写变速区。在这一关中将设置一条平坦的道路，并在一个立方体上摆放了4个小立方体，以箭头的形式排列。通过这种设计，玩家可以立即识别出这个立方体是用来加速的。

从"项目"面板中将之前保存的SpeedArea预设体拖曳到这个立方体上，即可完成设置，效果如图5-37所示。现在前5关已经制作完成，可以观察到在前5关中，主要进行了一些游戏教学。在之后的关卡中，每个读者都可以根据难度曲线自由发挥。

在前5关中一直使用基本的3D物体进行关卡的创作，因为这样学习起来不会被干扰，会更加清晰。如果读者有兴趣，可以将它们替换为自己喜欢的模型类型，如图5-38和图5-39所示。

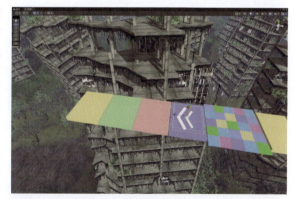

图5-37

图5-38

图5-39

技巧提示 在制作每一个关卡时，请检查每个关卡的检查点的设置是否正确，并将角色踩踏的物体的标签设为Ground。

第6章 联网与通信

在谈及网络编程时,许多读者会望而却步。要从底层实现网络编程,确实需要掌握大量的知识和技能,并进行大量实践,以确保网络通信的正确性和质量。现代高级编程语言和先进的第三方框架已经将这些复杂的内容进行了封装。这意味着人们无须深入了解底层细节,就能够轻松地用极少的代码实现编程的目的。当然,如果对底层知识有一定了解,那么使用起来会更加得心应手。本章将介绍游戏的网络配置。

6.1 网络通信

小萌:飞羽老师,我的场景中搭建了50多个关卡了,接下来是不是该创建游戏主角了?

哈哈,不错!别急,先来制作网络部分。

飞羽

6.1.1 Socket套接字

Socket是一种用于实现终端之间数据通信的编程机制。通过Socket,终端之间可以在网络上建立通信桥梁,从而进行数据的交换。Socket编程不仅支持网络游戏的开发,还广泛应用于日常生活的各种网络应用中,例如聊天软件、视频软件、网络浏览器等。这种灵活的通信机制为开发者提供了丰富的可能性,使得各种实时性要求较高的应用得以实现。

在这里,终端并不仅限于计算机,而是指任何支持网络连接的设备。因此,只要设备能够连接到网络中,就可以通过Socket进行通信。此外,在编写Socket时可以使用不同的编程语言,例如一台计算机上使用C#语言编写了一个Socket应用,而一部手机上使用了Java语言编写了一个Socket应用,这两个设备之间可以通过Socket应用进行通信。因此,可以发现跨平台通信的实现方法并不复杂。如果想开发一个跨平台网游,只需要使用跨平台的游戏引擎,例如Unity引擎,然后通过Socket进行网络编程就可以了。

这里需要深入了解一下TCP/IP协议,也被称为网络通信协议。它为网络通信提供了标准和规范,是网络数据传输的基本协议。Socket则是借助TCP/IP进行网络通信的工具。TCP/IP包含丰富的内容,但初步使用的时候并不需要太多了解,如果对此感兴趣,可以单独深入研究。在这里主要了解TCP/IP中的传输协议。TCP/IP协议中包含了TCP(传输控制协议)和UDP(用户数据报协议)这两种主要的通信方式。下面简单了解一下两者之间的区别。

1.TCP协议

传输控制协议(TCP)是一种面向连接的、可靠的数据传输协议。在使用TCP进行数据传输时,首先需要进行3次"握手"来建立连接,然后在连接上进行双向的数据传输。TCP具备超时重发、数据检验和保证数据顺序正确等功能,以确保数据的可靠性。然而,TCP为了保证数据的正确性而采取了大量操作,会导致一定的性能开销和传输延迟。在选择使用TCP时,需要权衡数据可靠性和性能之间的取舍。

可以想象以下场景:飞羽和小萌通过手机进行交流。每当飞羽说完一句话,他会询问小萌是否听到了。如果小萌回复听到了,飞羽会继续说下一句话。如果小萌表示没听到,或者等待几秒后小萌仍未回应,飞羽将重新说一遍这句话,以确保小萌能够听到。这个场景展示了一种非常谨慎的通信方式,通过这种操作可以确保飞羽的话一定会全部稳妥地传达给小萌，TCP通信方式就是如此。这样举例更容易理解TCP，并且也很容易联想到TCP的可靠性和稳定性，同时也了解到了TCP的低效率特性。

2.UDP协议

UDP，即用户数据报协议，与TCP不同，这是一种面向无连接的通信协议，也就是一种数据不可靠的协议。使用UDP协议发送数据后，不会进行确认和重传等操作，因此无法保证数据一定能够传送到目标端。即便数据到达目标端，发送端的数据也不一定会按照发送顺序到达。然而，由于UDP不需要建立连接，因此可以轻松实现一对多的广播发送，并且传输速度非常快。在对数据准确性要求不高的情况下，可以选择使用UDP协议。例如，在视频聊天中更注重数据传递的速度，即使部分画面丢失也不能影响视频聊天，因此可以选择UDP方式。

可以想象这样一个场景：飞羽和小萌通过手机发短信。飞羽发送消息后，并不知道小萌是否收到该消息。在连续发送多个消息后，小萌虽然收到了大多数消息，但接收顺序可能与飞羽发送消息的顺序不一致。UDP通信实际上类似于这个场景。总体而言，UDP通信快速且高效，但不安全。

了解了上述两种协议的区别后，需要在游戏中选择一种使用。在游戏中，玩家客户端可能不会很多，这种情况下需要尽量保证数据传输的正确性，因此选择使用TCP作为游戏的主要通信方式。TCP需要两个终端先建立连接才能进行通信。作为网游，肯定会有很多终端需要相互连接并发送数据，如果每个客户端之间都进行连接，会变得十分混乱，如图6-1所示。

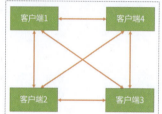

图6-1

可以观察到，如果一个游戏支持4个客户端同时在线，也就是支持4个客户端之间相互发送消息，就需要6条连接才能实现消息的互通。现实情况中，如果有成百上千个客户端需要相互连接，并在同一个游戏世界中发送消息，那么是否会创建大量的连接呢？关于这一点，实际上无须担心。只需要改变一下策略，将一个终端作为服务器，即可解决这个问题，如图6-2所示。

图6-2

图6-2所示的所有的客户端都会与服务端建立连接。然而，服务端并不参与游戏，仅用于数据的转发和处理。因此，如果客户端1想要向其他3个客户端发送消息，只需直接将消息发送给服务端，并让服务端负责将消息转发给其他3个客户端。这样就完成了一个简单的游戏网络组件。

接下来，思考一个问题：客户端必须与服务端建立连接才能创建游戏网络，那么客户端如何找到服务端呢？即在网络世界中存在着无数台计算机、手机以及各种网络终端，如何使游戏客户端所在的终端找到服务端所在的终端并进行连接呢？这就涉及IP地址的概念了。IP地址是终端在网络中的唯一标识符，类似于身份证号码。每个人的身份证号码都是不同的，通过身份证号码我们可以查询到对应的人。IP地址也是如此，每个终端连接到网络后都会被分配一个独一无二的IP地址。通过这个地址，我们就能在网络中找到对应的终端设备，从而使得客户端能够通过服务端的IP地址找到服务端的位置。

接下来，继续思考一个问题：一个终端上可能包含多个网络应用，那么当我们通过IP与这个终端建立连接后，向其发送一条数据消息，那么这个终端的哪个网络应用会收到这条消息呢？这时就需要了解端口的概念。每个终端拥有0~65535，共计65536个端口，每个端口用于定位终端中的应用位置。例如一些常用的知名端口的分配，80端口用于HTTP通信，21端口用于FTP通信，3389端口用于远程桌面使用等。因此，如果创建了一个新的网络应用，就需要为其定义一个新的端口，以与其他应用进行区分。读者可以这样理解：IP地址好比小区地址，而端口就好比门牌号。只有拥有小区地址是无法将快递送到正确的用户手中的，只有同时拥有小区地址和门牌号，快递才能准确地送达用户手中。

总结一下，通过IP地址和端口这两个信息就能够将一条消息准确地发送到某个设备的某个应用中。

6.1.2 Socket通信示例

这里制作一个简单的示例来讲解数据通信，希望读者理解这个示例后再进行后面的学习。

01 打开Visual Studio，创建一个控制台应用作为消息监听端，然后单击"下一步"按钮 下一步(N) ，如图6-3所示。

图6-3

02 填写好"项目名称"文本框后，单击"创建"按钮 创建(C) ，即可创建一个新的项目，如图6-4所示。

03 编写Socket示例，这里选择使用一个优秀的第三方Socket框架，即HPSocket。导入框架的方法十分简单，执行"工具>NuGet包管理器>管理解决方案的NuGet程序包"菜单命令，如图6-5所示。

04 在新打开的面板中选择"浏览"标签页，然后在搜索栏中输入HpSocket并按Enter键，在搜索结果中选择需要的框架后，勾选项目，单击"安装"按钮 安装 ，如图6-6所示。

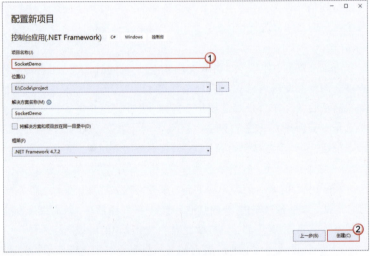

图6-4

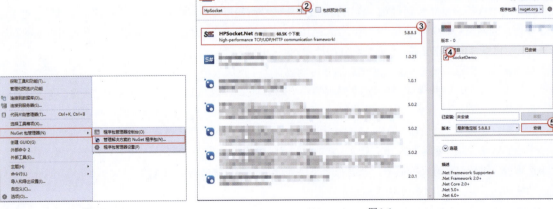

图6-5　　　　　　　　　　　　图6-6

05 在弹出的对话框中单击"OK"按钮 OK ，即可完成框架的导入，如图6-7所示。

06 切换到代码页面，开始编写代码，这里先写服务端的代码。

图6-7

```csharp
using HPSocket.Tcp;
using System;
using System.Text;

namespace SocketDemo
{
    internal class Program
    {
        // 服务端套接字
        static TcpServer server;

        static void Main(string[] args)
        {
            // 实例化套接字
            server = new TcpServer();
            // 设置 IP 地址为本机 IP
            server.Address = "127.0.0.1";
            // 设置端口号为 5566
            server.Port = Convert.ToUInt16(5566);
            // 打包模式，省去粘包解包等复杂操作，新手无须理解
            server.SendPolicy = HPSocket.SendPolicy.Pack;
            // 有客户端连接回调
            server.OnAccept += Server_OnAccept;
            // 有客户端关闭连接回调
            server.OnClose += Server_OnClose;
            // 接收到客户端发送的消息回调
            server.OnReceive += Server_OnReceive;
// 开始监听客户端连接
            server.Start();
            // 按任意键退出程序
            Console.ReadKey();
        }

        // 有客户端连接
        private static HPSocket.HandleResult Server_OnAccept(HPSocket.IServer sender, IntPtr connId, IntPtr client)
        {
            Console.WriteLine("有客户端连接");
            return HPSocket.HandleResult.Ok;
```

```
        }

        // 有客户端断开连接
        private static HPSocket.HandleResult Server_OnClose(HPSocket.IServer sender, IntPtr connId,
HPSocket.SocketOperation socketOperation, int errorCode)
        {
            Console.WriteLine("有客户端断开连接");
            return HPSocket.HandleResult.Ok;
        }

        // 接收到客户端发来的消息，connId 为发消息的客户端 ID，data 为该客户端发来的消息
        private static HPSocket.HandleResult Server_OnReceive(HPSocket.IServer sender, IntPtr connId,
byte[] data)
        {
            // 这里知道客户端发来的是字符串，所以将接收的数据转为字符串
            string str = Encoding.UTF8.GetString(data);
            // 打印接收到的字符串
            Console.WriteLine("客户端：" + str);
            // 创建一个回复消息
            byte[] buffer = Encoding.UTF8.GetBytes("我是服务端，收到你消息了");
            // 给该客户端回个消息
            server.Send(connId, buffer, buffer.Length);
            return HPSocket.HandleResult.Ok;
        }
    }
}
```

07 使用同样的方法用Visual Studio创建一个新的控制台应用作为客户端，并编写代码。

```
using HPSocket;
using HPSocket.Tcp;
using System;
using System.Text;

namespace SocketClientDemo
{
    internal class Program
    {
        // 客户端套接字
        static TcpClient client;

        static void Main(string[] args)
        {
            // 实例化套接字
            client = new TcpClient();
            // 设置要连接的服务端 IP
            client.Address = "127.0.0.1";
            // 设置要连接的服务端端口
            client.Port = Convert.ToUInt16(5566);
            // 连接上服务器的回调
```

```csharp
            client.OnConnect += Client_OnConnect;
            // 断开连接的回调
            client.OnClose += Client_OnClose;
            // 接收到消息的回调
            client.OnReceive += Client_OnReceive;
            // 连接服务器
            if (client.Connect())
            {
                Console.WriteLine("连接成功");
                // 现在就可以给服务端发个消息测试一下了
                byte[] buffer = Encoding.UTF8.GetBytes("你好，我是客户端");
                client.Send(buffer, buffer.Length);
            }
            // 按下任意键退出
            Console.ReadKey();
        }

        // 接收服务端发来的消息
        private static HPSocket.HandleResult Client_OnReceive(HPSocket.IClient sender, byte[] data)
        {
            // 当收到服务端发来的消息就输出出来
            string str = Encoding.UTF8.GetString(data);
            // 打印接收到的字符串
            Console.WriteLine("服务端：" + str);
            return HandleResult.Ok;
        }

        // 连接服务器回调
        private static HPSocket.HandleResult Client_OnConnect(HPSocket.IClient sender)
        {
            return HandleResult.Ok;
        }

        // 断开服务器回调
        private static HPSocket.HandleResult Client_OnClose(HPSocket.IClient sender, HPSocket.SocketOperation socketOperation, int errorCode)
        {
            return HandleResult.Ok;
        }
    }
}
```

08 运行服务端，让服务端处于监听状态，然后运行客户端，就可以看到服务端接收到了客户端的连接与客户端发送来的消息，如图6-8所示。客户端也连接到了服务端并且接收到了服务端发来的消息，如图6-9所示。

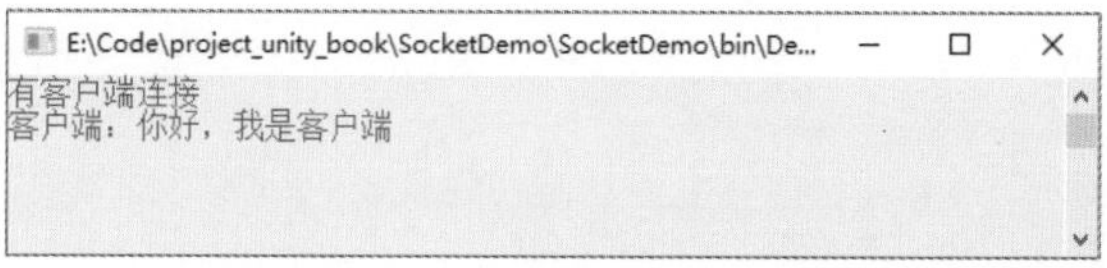

图6-8

图6-9

6.2 数据格式

小萌：我明白了，如果我要同步一个游戏角色的位置，只需要通过Socket将位置中的X、Y、Z这3个坐标发送给其他客户端就可以了吧？

飞羽：没错，不过这里就会出现另一个问题。有时同步数据的时候要一次性同步大量的内容，例如位置、旋转、缩放、动画、等级等，这时就需要将这些内容打包成一个数据，这样发送一次消息就可以同步多个数据了。接下来一起学习一种常用的数据交互格式，通过该数据交换格式就可以容易地将数据进行打包。

6.2.1 轻量数据格式JSON

在制作网络游戏时，首要任务是选择终端之间发送的数据格式。如果每个终端发送的数据格式没有统一规定，那么接收终端在接收到数据后可能无法理解其内容。这就好比两个不同国家的人用不同的语言进行交流，肯定会出现问题。因此，在终端通信中必须使用统一的数据格式才能进行正常交流。

常见的传输数据格式有很多种，例如JSON、XML、CSV、XLSX、PROTO等。只要按照固定规则将多个数据整合成一个数据，就能满足要求。甚至可以根据自己的规则创建一个自定义的数据格式。这些常见的数据格式各有优劣，但在游戏中选择常见且易于理解的JSON格式作为数据格式是一个不错的选择。当然，如果读者有兴趣，也可以尝试使用其他格式。

JSON（JavaScript Object Notation）是一种轻量级的数据交换格式。它的格式和结构都相对简洁，因此容易被读取。同时，JSON格式的数据也方便被解析。JSON格式主要由对象和数组组成，配合数字、字符串和布尔值来描述各种数据类型。

1.对象

这里编辑一条数据，该数据描述了一个角色，该角色的姓名为"汤姆"，年龄为40岁。如果将该信息用代码描述出来，应该立刻就能想到创建一个类并添加姓名和年龄等属性来生成对象"汤姆"的信息。在JSON中，同样可以使用对象的方式描述"汤姆"。JSON数据的基本格式为"名称:值"，{}符号代表一个对象，因此可以用如下方式来描述"名字为汤姆，年龄为40的人"的数据。

```
{
    "name":"汤姆",
    "age":40
}
```

2.数组

在对角色"汤姆"的数据进行修改时，需要将其改为"一个名字为汤姆且年龄为40的人，同时还有一个名字为杰瑞且年龄为18的人"。那么在使用JSON进行描述时，应该如何操作呢？

可以注意到，在角色"汤姆"的基础上，我们需要添加一个角色"杰瑞"。此外，如果还需要添加更多的角色，描述就会变得更加复杂。在C#编程中通常会使用数组来解决这个问题。在JSON中也可以采用相同的方式来解决这类问题。在JSON中可以使用数组来存放"汤姆"和"杰瑞"这两个角色的信息。

```
{
    "Persons":[
        {
            "name":"汤姆",
            "age":40
```

```
        },
        {
            "name":"杰瑞",
            "age" :18
        }
    ]
}
```

根据上述描述可推断，[]（方括）号表示一个数组，数组中的多个元素用逗号进行分隔。在上述JSON中最外层增加了一个对象，确切地说是一个对象内部含有一个Persons属性，Persons的值是一个数组，数组中包含两个角色对象，分别为"汤姆"和"杰瑞"。

6.2.2 JSON格式化示例

对JSON格式有了清晰的了解后，便可以尝试在代码中创建和解析JSON。在Unity开发中，可以直接使用系统提供的JSON框架来进行创建与解析。然而，该框架的使用方法有些复杂，因此在这里使用更简便的第三方框架LitJson来进行JSON操作。

01 这里与5.1.2小节类似，创建一个新的控制台应用，并且在NuGet面板中导入LitJson框架，如图6-10所示。

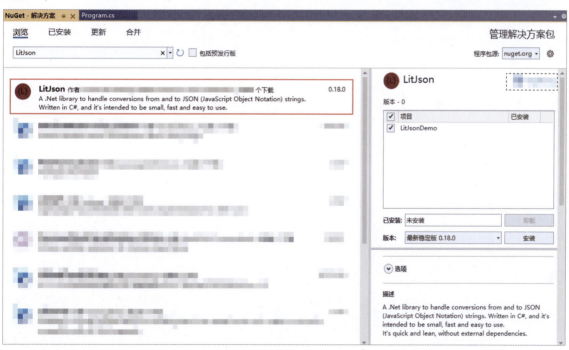

图6-10

02 编写代码。

```
using LitJson;
using System;

namespace LitJsonDemo
{
    internal class Program
```

```
{
    static void Main(string[] args)
    {
/*
        这里创建上一小节中的第一个 JSON 示例
        {
            "name" : "汤姆",
            "age":40
        }
*/
        // 创建一个 JSON 对象，这个对象相当于上面 JSON 的 {}
        JsonData json = new JsonData();
        // 设置 JSON 类型为键值对类型对象
        json.SetJsonType(JsonType.Object);
        // 为 {} 添加第一个键值对
        json["name"] = "汤姆";
        // 为 {} 添加第二个键值对
        json["age"] = 40;
        // 转为最终需要的 JSON 字符串
        string jsonStr = json.ToJson();
        // 输出查看结果
        Console.WriteLine(jsonStr);
        // 按任意键退出
        Console.ReadKey();
    }
}
}
```

03 运行项目，可以看到输出的字符串就是需要的 JSON 字符串了。这里注意，中文字符会显示为编码，当 JSON 解析后才会正常显示，所以我们现在看到的结果并没有什么问题，如图6-11所示。

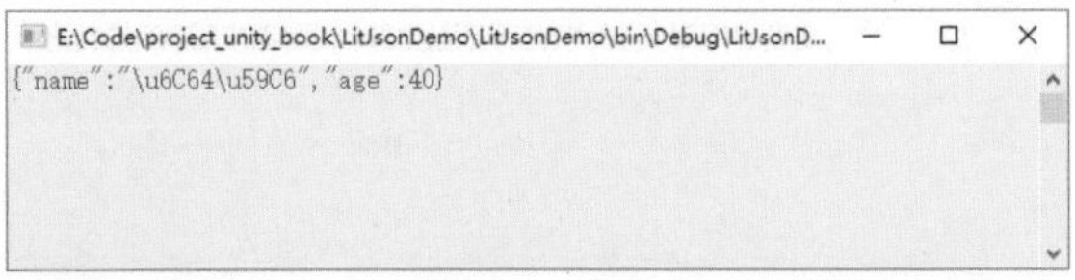

图6-11

04 理解了如何创建一个 JSON 后，解析一个字符串，修改代码。

```
using LitJson;
using System;

namespace LitJsonDemo
{
    internal class Program
    {
        static void Main(string[] args)
        {
            // 这里假设通过网络接收到了刚才创建的 JSON 字符串
            string jsonStr = @"{ 'name' : '汤姆', 'age' : 40}";
```

```
            // 将其解析为 JSON 对象
            JsonData json = JsonMapper.ToObject(jsonStr);
            // 解析出 name 的值
            string name = (string)json["name"];
            // 解析出 age 的值
            int age = (int)json["age"];
            // 输出查看结果
            Console.WriteLine(name);
            Console.WriteLine(age);
            // 按任意键退出
            Console.ReadKey();
        }
    }
}
```

05 运行项目，可以看到JSON中包含的数据被读取出来了，如图6-12所示。

图6-12

06 创建上一小节中第2个复杂一点的JSON格式，修改代码。

```
using LitJson;
using System;

namespace LitJsonDemo
{
    internal class Program
    {
        static void Main(string[] args)
        {
            /*
                这里创建上一小节中的第二个 JSON 示例
                {
                    "persons":[
                        {
                            "name":"汤姆",
                            "age":40
                        },
                        {
                            "name":"杰瑞",
                            "age":18
                        }
                    ]
                }
            */
```

```
        // 创建一个 JSON 对象，这个对象相当于上面 JSON 的 {}
        JsonData json = new JsonData();
        // 设置 JSON 类型为 {} 对应的键值对类型对象
        json.SetJsonType(JsonType.Object);
        // 创建 persons 对应的 JSON 对象，相当于上面 JSON 的 []
        JsonData persons = new JsonData();
        // 设置 JSON 类型为 [] 对应的数组
        persons.SetJsonType(JsonType.Array);
        // 关联两个 JSON 对象
        json[ "persons" ] = persons;

        // 创建汤姆对应的 JSON 对象
        JsonData person1 = new JsonData();
        person1[ "name" ] = "汤姆";
        person1[ "age" ] = 40;
        // 创建杰瑞对应的 JSON 对象
        JsonData person2 = new JsonData();
        person2[ "name" ] = "杰瑞";
        person2[ "age" ] = 18;
        // 将汤姆与杰瑞添加到数组中
        persons.Add(person1);
        persons.Add(person2);

        // 转为最终需要的 JSON 字符串
        string jsonStr = json.ToJson();
        // 输出查看结果
        Console.WriteLine(jsonStr);
        // 按任意键退出
        Console.ReadKey();
    }
  }
}
```

07 运行项目，可以看到需要创建的JSON被打印出来了，如图6-13所示。

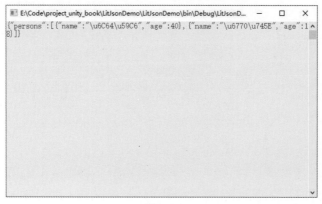

图6-13

08 继续尝试解析这个JSON字符串，修改代码。

```csharp
using LitJson;
using System;

namespace LitJsonDemo
{
    internal class Program
    {
        static void Main(string[] args)
        {
            // 这里假设通过网络接收到了刚才创建的 JSON 字符串
            string jsonStr = @"{ 'persons' :[{ 'name' :' 汤姆 ',' age' :40},{ 'name' :' 杰瑞 ',' age' :18}]}";
            // 将其解析为 JSON 对象
            JsonData json = JsonMapper.ToObject(jsonStr);
            // 首先解析出 persons 数组
            JsonData persons = json[ "persons" ];
            // 因为是数组，这里可以遍历数组中的 JSON 对象
            foreach (JsonData person in persons)
            {
                // 解析出 name 的值
                string name = (string)person[ "name" ];
                // 解析出 age 的值
                int age = (int)person[ "age" ];
                // 输出查看结果
                Console.WriteLine(name);
                Console.WriteLine(age);
            }
            // 按任意键退出
            Console.ReadKey();
        }
    }
}
```

09 运行项目，可以看到JSON中包含的数据被读取出来了，如图6-14所示。

图6-14

6.3 服务端与客户端

 在了解了Socket与JSON后，就能开始编写游戏的客户端与服务端了，接下来把两端的通信功能实现一下。
飞羽

太好了，终于要看到游戏客户端连接上服务端啦！
小萌

6.3.1 服务端通信

01 这里同样打开Visual Studio，创建一个控制台应用，作为游戏服务端，并且导入前两个小节中使用过的HpSocket框架与LitJson框架，导入完成后项目的引用如图6-15所示。

02 按快捷键Ctrl+Shift+A，在"添加新项"面板中选择"类"，然后在"名称"处输入NetManager.cs，单击"添加"按钮 添加(A)，即可添加一个新的类，如图6-16所示。

图6-15

图6-16

03 按照上述步骤，再次创建两个新的类，分别为UserControl与GameControl，并且创建一个接口，命名为IMessageReceiver，接下来就来分别实现它们的功能。打开IMessageReceiver，编写代码。

```
    using LitJson;
using System;

namespace SecondServer
{
    // 这里编写一个接口，实现该接口的类支持接收JSON数据并处理
    interface IMessageReceiver
    {
        // 当接收到JSON消息
        void ReceiveMessage(IntPtr connId, JsonData json);
        // 当断开连接
        void OnClose(IntPtr connId);
        // 当有客户端连接
```

```csharp
        void OnAccept(IntPtr connId);
    }
}
```

04 打开UserControl，让其继承于上面的接口，具体的逻辑可在后面再实现，编写代码。

```csharp
using LitJson;
using System;

namespace SecondServer
{
    internal class UserControl : IMessageReceiver
    {
        public void OnAccept(IntPtr connId)
        {

        }

        public void OnClose(IntPtr connId)
        {

        }

        public void ReceiveMessage(IntPtr connId, JsonData json)
        {

        }
    }
}
```

05 打开GameControl，编写代码。

```csharp
using LitJson;
using System;

namespace SecondServer
{
    internal class GameControl : IMessageReceiver
    {
        public void OnAccept(IntPtr connId)
        {

        }

        public void OnClose(IntPtr connId)
        {

        }
```

```
        public void ReceiveMessage(IntPtr connId, JsonData json)
        {

        }
    }
}
```

06 接下来统一JSON的格式。JSON中必须包含两个属性，即type与key。type为消息类型，例如当type为user或game时，代表这条消息是与用户相关或与游戏相关的；key代表这条消息的具体功能，例如当key为login或logout时，代表登录或下线，具体格式如下。

```
// 这里为一个用户登录的JSON格式，包含两个自定义参数，用户名和密码
{
    "type" : "user",
    "key" : "login",
    "account" : "test",
    "password" : "123456"
}
```

07 实现核心的Socket相关功能。打开NetManager类，编写代码。

```
using HPSocket;
using HPSocket.Tcp;
using LitJson;
using System;
using System.Collections.Generic;
using System.Text;

namespace SecondServer
{
    internal class NetManager
    {
        // 单例
        private static NetManager instance;
        public static NetManager Instance
        {
            get
            {
                if (instance == null)
                {
                    instance = new NetManager();
                }
                return instance;
            }
        }
        //TCP 服务端
        private TcpServer tcpServer;
        // 所有的客户端
```

```csharp
private Dictionary<IntPtr, int> clientDic = new Dictionary<IntPtr, int>();
// 客户端 ID
private int clientId = 0;
// 用户消息处理对象
private IMessageReceiver userControl;
// 游戏消息处理对象
private IMessageReceiver gameControl;

public void init()
{
    // 实例化用户消息处理对象
    userControl = new UserControl();
    // 实例化游戏消息处理对象
    gameControl = new GameControl();
    // 实例化 TCP 服务端
    tcpServer = new TcpServer();
    // 设置服务端 IP 地址
    tcpServer.Address = "127.0.0.1";
    // 设置服务端接口
    tcpServer.Port = Convert.ToUInt16(5566);
    // 有客户端连接回调
    tcpServer.OnAccept += HpServer_OnAccept;
    // 有客户端关闭连接回调
    tcpServer.OnClose += HpServer_OnClose;
    // 接收到客户端发送的消息回调
    tcpServer.OnReceive += HpServer_OnReceive;
    // 开始监听客户端连接
    tcpServer.Start();
}

// 发送消息
public void Send(IntPtr connId, string message)
{
    // 将 JSON 字符串转成 byte 数据
    byte[] bytes = Encoding.UTF8.GetBytes(message);
    // 发送数据
    tcpServer.Send(connId, bytes, bytes.Length);
}

// 发送给除了自己以外的其他客户端
public void SendOther(int selfId, string message)
{
    // 遍历所有客户端
    foreach (var kv in clientDic)
    {
```

```csharp
        // 如果遍历的客户端不是正在发送的客户端
        if (kv.Value != selfId)
        {
            // 发送消息
            Send(kv.Key, message);
        }
    }
}

// 发送给所有客户端
public void SendAll(string message)
{
    // 遍历所有客户端
    foreach (var connid in clientDic.Keys)
    {
        // 发送消息
        Send(connid, message);
    }
}

// 如果有客户端发送了消息
private HandleResult HpServer_OnReceive(IServer sender, IntPtr connId, byte[] data)
{
    // 接收到的数据转成 JSON 字符串
    string message = Encoding.UTF8.GetString(data);
    // 解析 JSON 字符串为 JSON 对象
    JsonData json = LitJson.JsonMapper.ToObject(message);
    // 得到当前 JSON 对象的 type 属性
    string type = json["type"].ToString();
    // 如果是 login，则证明这个消息与用户相关
    if(type == "user")
    {
        // 将消息分发到用户模块进行处理
        userControl.ReceiveMessage(connId, json);
    }
    // 如果是 user，则证明这个消息与游戏相关
    if(type == "game")
    {
        // 将消息分发到游戏模块进行处理
        gameControl.ReceiveMessage(connId, json);
    }
    return HandleResult.Ok;
}

// 如果有客户端连接
```

```csharp
private HandleResult HpServer_OnAccept(IServer sender, IntPtr connId, IntPtr client)
{
    // 保存当前的客户端连接与对应的客户端 ID
    clientDic.Add(connId, clientId);
    // 接下来给客户端发送登录成功的消息和客户端 ID 以及当前登录的其他客户端
    // 创建 JSON 对象
    JsonData json = new JsonData();
    // 设置 type
    json[ "type" ] = "user";
    // 设置 key
    json[ "key" ] = "connectSuccess";
    // 设置自定义参数为客户端的 ID
    json[ "id" ] = clientId;
    // 创建 JSON 对象
    JsonData jsonArray = new JsonData();
    // 设置该对象为数组类型
    jsonArray.SetJsonType(JsonType.Array);
    // 遍历当前登录的客户端
    foreach (var id in clientDic.Values)
    {
        // 如果遍历的 ID 不是当前登录客户端的 ID
        if (clientId != id)
        {
            // 将 ID 添加到数组中
            jsonArray.Add(id);
        }
    }
    // 设置自定义参数为当前登录的其他客户端 ID 数组
    json[ "clients" ] = jsonArray;
    // 给当前正在登录的客户端回复消息
    Send(connId, JsonMapper.ToJson(json));
    // 同时也要给其他客户端发送该客户端上线信息
    // 创建 JSON 对象
    JsonData json2 = new JsonData();
    // 设置 type
    json2[ "type" ] = "user";
    // 设置 key
    json2[ "key" ] = "otherClientLogin";
    // 设置自定义参数为登录客户端的 ID
    json2[ "id" ] = clientId;

    // 给其他客户端发消息,告诉他们有新客户端登录
    SendOther(clientId, JsonMapper.ToJson(json2));
    // 打印状态
    Console.WriteLine("有客户端连接,当前客户端个数: " + clientDic.Count);
```

```csharp
            //ID 自增，给下个客户端使用
            clientId++;
            // 分发给用户模块
            userControl.OnAccept(connId);
            // 分发给游戏模块
            gameControl.OnAccept(connId);
            return HandleResult.Ok;
        }

        // 如果有客户端断开连接
        private HandleResult HpServer_OnClose(IServer sender, IntPtr connId, SocketOperation socketOperation, int errorCode)
        {
            // 得到断开连接的客户端的 ID
            int clientId = clientDic[connId];
            // 从保存的字典中移除该客户端
            clientDic.Remove(connId);
            // 打印状态
            Console.WriteLine("有客户端下线，当前客户端个数：" + clientDic.Count);

            // 接下来告诉其他客户端，有客户端下线
            // 创建 JSON 对象
            JsonData json = new JsonData();
            // 设置 type
            json["type"] = "user";
            // 设置 key
            json["key"] = "otherClientLogout";
            // 设置自定义参数为下线客户端的 ID
            json["id"] = clientId;
            // 发送消息
            SendAll(JsonMapper.ToJson(json));
            return HandleResult.Ok;
        }
    }
}
```

08 编写Program脚本的代码。

```csharp
using System;
using System.Collections.Generic;
using System.Text;

namespace SecondServer
{
    internal class Program
    {
```

```csharp
    static void Main(string[] args)
    {
        // 打印状态
        Console.WriteLine("服务器已启动：");
        // 启动服务端
        NetManager.Instance.init();
        // 按任意键退出
        Console.ReadKey();
    }
}
```

09 现在只处理了客户端上线和下线的逻辑，其他逻辑在后面再继续完善。运行项目后，可以看到服务端已经正常运行了，如图6-17所示。

图6-17

6.3.2 客户端通信

打开的Unity项目，准备编写客户端部分的Socket。在"项目"面板中单击"加号"按钮，选择"文件夹"，创建一个文件夹，并命名为Plugins。从本书提供的资源中导入HPSocket和LitJson到Plugins文件夹中。

01 在"层级"面板中单击"加号"按钮，选择"创建空对象"，创建一个空物体，并重命名为NetManager，然后在"项目"面板中创建一个"C#脚本"，并重命名为"NetManager"，将其挂载到新创建的空物体上。双击打开脚本，编写代码。

```csharp
    using System;
using System.Collections;
using System.Collections.Generic;
using System.Text;
using HPSocket;
using HPSocket.Tcp;
using LitJson;
using UnityEngine;

public class NetManager : MonoBehaviour
{
    // 单例
    public static NetManager Instance;
    // 客户端对象
    private TcpClient tcpClient;
    // 要连接的服务端IP
    public string ip = "127.0.0.1";
    // 要连接的服务端端口
    public int port = 5566;
    // 消息队列，因为接收的消息可能非常多，所以先将其放入队列中，然后依次取出处理，相当于消息缓存
    private Queue<JsonData> messageQueue= new Queue<JsonData>();
```

```csharp
void Awake()
{
    // 设置单例
    Instance = this;
    // 实例化客户端对象
    tcpClient = new TcpClient();
    // 设置要连接的服务端的 IP
    tcpClient.Address = ip;
    // 设置要连接的服务端端口
    tcpClient.Port = Convert.ToUInt16(port);
    // 连接上服务端的回调
    tcpClient.OnConnect += TcpClient_OnConnect;
    // 断开服务端连接回调
    tcpClient.OnClose += TcpClient_OnClose;
    // 接收到服务端发来的消息
    tcpClient.OnReceive += TcpClient_OnReceive;
    // 连接服务端
    tcpClient.Connect();
}

// 发送消息
public void Send(string message)
{
    // 将 JSON 字符串转成 byte 数据
    byte[] bytes = Encoding.UTF8.GetBytes(message);
    // 发送数据
    tcpClient.Send(bytes, bytes.Length);
}

// 处理消息
private void Update()
{
    // 如果消息队列为空
    if (messageQueue.Count == 0)
    {
        // 结束 Update 递归
        return;
    }
    // 从消息队列中取出一个消息，也就是 JSON 对象
    JsonData json = messageQueue.Dequeue();
    // 取出消息的 type 类型
    string type = json["type"].ToString();
    // 分发消息
    // 具体分发在后面处理

    // 递归调用 Update
```

```csharp
        Update();
    }


    // 接收消息
    private HandleResult TcpClient_OnReceive(IClient sender, byte[] data)
    {
        // 接收到的数据转成 JSON 字符串
        string message = Encoding.UTF8.GetString(data);
        // 解析 JSON 字符串为 JSON 对象
        JsonData json = LitJson.JsonMapper.ToObject(message);
        // 将这个消息添加到消息队列中
        messageQueue.Enqueue(json);

        return HandleResult.Ok;
    }

    private HandleResult TcpClient_OnClose(IClient sender, SocketOperation socketOperation, int errorCode)
    {
        return HandleResult.Ok;
    }

    private HandleResult TcpClient_OnConnect(IClient sender)
    {
        Debug.Log("连接服务端成功");
        return HandleResult.Ok;
    }

    private void OnDestroy()
    {
        // 停止连接
        tcpClient.Stop();
    }
}
```

02 保证服务端正在运行，然后运行Unity，可以看到Unity输出连接成功，如图6-18所示。服务端也会提示有客户端登录，如图6-19所示。

03 停止运行Unity，服务端会提示客户端下线，如图6-20所示。这样，客户端和服务端通信部分就编写完成了。

图6-18

图6-19   图6-20

6.4 注册与登录

 小萌：终于有网游的感觉了！还好通信部分没有我想象中的复杂。

飞羽：哈哈，因为我已经尽量将其简化了，如果做商业化游戏，就要在此基础上去优化很多内容，到时候才会比较麻烦，不过目前这样已经足够了。等完全掌握并熟悉，有兴趣的话可以再深一步研究！接下来制作游戏的登录与注册吧！

6.4.1 UI制作

为了区分玩家与储存数据，所有的网络游戏都有注册与登录的功能，这里的游戏并不涉及持久性储存数据，所以注册与登录的功能就会非常简单了，可以说它们仅仅作为进入游戏的入口而已。

这里需要创建一个新的UI，在"层级"面板中，单击"加号"按钮，选择"UI"中的"画布"，创建一个新的UI画布，并重命名为LoginManager。在LoginManager的"检查器"面板中设置排序次序属性为10，保证这次创建的UI永远显示在屏幕顶部。

01 在"层级"面板中使用鼠标右键单击LoginManager，执行"UI>图像"菜单命令，创建一个图像，并重命名为bg，用来作为UI的背景，参数设置如图6-21所示。

02 在"层级"面板中使用鼠标右键单击LoginManager，执行"UI>旧版>文本输入框"菜单命令，创建一个输入框，并重命名为nameField，用来作为账号的输入框。用同样的方式再创建一个输入框，并重命名为pwdField，作为密码输入框，将其放置到想要的位置上。效果如图6-22所示。

图6-21

图6-22

03 在"层级"面板中使用鼠标右键单击LoginManager，执行"UI>旧版>按钮"菜单命令，创建一个按钮，并重命名为regButton，设置其"显示文本"为"注册"，然后用同样的方式再创建一个按钮，并重命名为loginButton，设置其"显示文本"为"登录"。将两个按钮摆放在合适的位置上，效果如图6-23所示。

04 现在UI界面就制作完成了，如果想效果更美观一些，可以添加一些UI素材并进行设置，如图6-24所示。

图6-23

图6-24

6.4.2 客户端逻辑实现

对于客户端而言，其主要任务是发送请求消息并接收响应消息。当玩家在客户端单击登录按钮时，客户端会将该事件和所需的用户名、密码等信息发送给服务端。服务端经过计算和验证后，会返回一个结果信息给客户端。客户端接收到结果信息后，便可以继续处理。此外，有时客户端不需要主动发送请求，而是由服务端主动发送请求，这时客户端只需做好监听即可。例如，服务端可能在某个时间点突然向所有客户端发送一条游戏公告，客户端监听到该公告后，便可将其展示给玩家。

01 在"项目"面板中创建一个"C#脚本"，并重命名为PlayerManager，该脚本用来管理除本地玩家外的所有网络玩家。双击打开脚本，编写代码。

```
using LitJson;
using UnityEngine;

public class PlayerManager : MonoBehaviour
{
    public static PlayerManager Instance;
    void Awake()
    {
        Instance = this;
    }

    // 根据客户端 ID，添加对应的游戏角色
    public void AddPlayer(int id)
    {

    }

    // 接收服务端发来的 game 事件
    public void ReceiveMessage(JsonData json)
    {

    }

    // 根据客户端 ID，移除对应的游戏角色
    public void RemovePlayer(int id)
    {

    }
}
```

02 在"项目"面板中创建一个"C#脚本"，并重命名为LoginManager，然后将其挂载到LoginManager物体上，这个脚本主要用来处理客户端接收到的所有用户相关事件。双击打开脚本，编写代码。

```
using System.Collections;
using System.Collections.Generic;
using LitJson;
using UnityEngine;
```

```csharp
using UnityEngine.UI;

public class LoginManager : MonoBehaviour
{
    // 单例
    public static LoginManager Instance;
    // 本地玩家 ID
    public int clientId;
    //UI 控件
    private InputField nameField;
    private InputField pwdField;
    private Button regButton;
    private Button loginButton;

    void Awake()
    {
        // 设置单例
        Instance = this;
        // 获取 UI 控件
        nameField = transform.Find("nameField").GetComponent<InputField>();
        pwdField = transform.Find("pwdField").GetComponent<InputField>();
        regButton = transform.Find("regButton").GetComponent<Button>();
        loginButton = transform.Find("loginButton").GetComponent<Button>();
        // 为按钮添加事件
        regButton.onClick.AddListener(Reg);
        loginButton.onClick.AddListener(Login);
    }

    // 接收服务端发来的 user 事件
    public void ReceiveMessage(JsonData json)
    {
        // 解析获取 JSON 消息的 key
        string key = json["key"].ToString();
        // 如果是 connectSuccess，则证明接收的是服务端监听客户端连接成功后发送来的消息。
        // 如果对这里不清楚，可以先看一下服务端代码是怎么发送的
        if (key == "connectSuccess")
        {
            // 获取该客户端对应的 ID
            clientId = (int)json["id"];
            // 获取当前游戏中的其他玩家信息
            JsonData clients = json["clients"];
            // 遍历其他玩家
            foreach (JsonData client in clients)
            {
                // 获取其他玩家的 ID
                int id = (int)client;
                // 这里将会创建其他玩家
```

```csharp
        PlayerManager.Instance.AddPlayer(id);
    }
}
// 这里接收到了注册回调
if (key == "regRes")
{
    // 获取处理结果
    int code = (int)json["code"];
    if (code == 1)
    {
        Debug.Log("注册成功");
    }
    if (code == 0)
    {
        Debug.Log("注册失败");
    }
}
// 这里接收到了登录回调
if (key == "loginRes")
{
    // 获取处理结果
    int code = (int)json["code"];
    if (code == 1)
    {
        Debug.Log("登录成功");
        // 登录成功，隐藏登录 UI
        gameObject.SetActive(false);
    }
    if (code == 0)
    {
        Debug.Log("登录失败");
    }
}
// 有其他客户端登录
if (key == "otherClientLogin")
{
    // 获取其他玩家的 ID
    int id = (int)json["id"];
    // 这里将会创建其他玩家
    PlayerManager.Instance.AddPlayer(id);
}
// 有其他客户端下线
if (key == "otherClientLogout")
{
    // 获取其他玩家的 ID
    int id = (int)json["id"];
    // 删除其他玩家
```

```csharp
            PlayerManager.Instance.RemovePlayer(id);
    }
}

// 注册事件
void Reg()
{
    // 获取账号
    string name = nameField.text;
    // 获取密码
    string pwd = pwdField.text;
    // 创建 JSON 对象
    JsonData json = new JsonData();
    // 设置 type
    json[ "type" ] = "user" ;
    // 设置 key
    json[ "key" ] = "reg" ;
    // 添加账号
    json[ "name" ] = name;
    // 添加密码
    json[ "pwd" ] = pwd;
    // 发送消息
    NetManager.Instance.Send(json.ToJson());
}

// 登录事件
void Login()
{
    // 获取账号
    string name = nameField.text;
    // 获取密码
    string pwd = pwdField.text;
    // 创建 JSON 对象
    JsonData json = new JsonData();
    // 设置 type
    json[ "type" ] = "user" ;
    // 设置 key
    json[ "key" ] = "login" ;
    // 添加账号
    json[ "name" ] = name;
    // 添加密码
    json[ "pwd" ] = pwd;
    // 发送消息
    NetManager.Instance.Send(json.ToJson());
    }
}
```

03 完善NetManager脚本。将接收到的消息分发到LoginManager和PlayerManager脚本中，编写代码。

```csharp
using System;
using System.Collections;
using System.Collections.Generic;
using System.Text;
using HPSocket;
using HPSocket.Tcp;
using LitJson;
using UnityEngine;

public class NetManager : MonoBehaviour
{
    // 单例
    public static NetManager Instance;
    // 客户端对象
    private TcpClient tcpClient;
    // 要连接的服务端 IP
    public string ip = "127.0.0.1";
    // 要连接的服务端端口
    public int port = 5566;
    // 当前客户端的 ID
    [HideInInspector]
    public int clientId;
    // 消息队列，因为接收的消息可能非常多，所以先将其放入队列中，然后依次取出处理，相当于消息缓存
    private Queue<JsonData> messageQueue= new Queue<JsonData>();

    void Awake()
    {
        // 设置单例
        Instance = this;
        // 实例化客户端对象
        tcpClient = new TcpClient();
        // 设置要连接的服务端 IP
        tcpClient.Address = ip;
        // 设置要连接的服务端端口
        tcpClient.Port = Convert.ToUInt16(port);
        // 连接上服务端的回调
        tcpClient.OnConnect += TcpClient_OnConnect;
        // 断开服务端连接回调
        tcpClient.OnClose += TcpClient_OnClose;
        // 接收到服务端发来的消息
        tcpClient.OnReceive += TcpClient_OnReceive;
        // 连接服务端
        tcpClient.Connect();
    }

    // 发送消息
```

```csharp
public void Send(string message)
{
    // 将 JSON 字符串转成 byte 数据
    byte[] bytes = Encoding.UTF8.GetBytes(message);
    // 发送数据
    tcpClient.Send(bytes, bytes.Length);
}

// 处理消息
private void Update()
{
    // 如果消息队列为空
    if (messageQueue.Count == 0)
    {
        // 结束 Update 递归
        return;
    }
    // 消息队列中取出一个消息，也就是 JSON 对象
    JsonData json = messageQueue.Dequeue();
    // 取出消息的 type 类型
    string type = json["type"].ToString();
    // 分发消息
    if (type == "user")
    {
        LoginManager.Instance.ReceiveMessage(json);
    }
    if (type == "game")
    {
        PlayerManager.Instance.ReceiveMessage(json);
    }
    // 递归调用 Update
    Update();
}


// 接收消息
private HandleResult TcpClient_OnReceive(IClient sender, byte[] data)
{
    // 接收到的数据转成 JSON 字符串
    string message = Encoding.UTF8.GetString(data);
    // 解析 JSON 字符串为 JSON 对象
    JsonData json = LitJson.JsonMapper.ToObject(message);
    // 将这个消息添加到消息队列中
    messageQueue.Enqueue(json);

    return HandleResult.Ok;
```

```
    }

    private HandleResult TcpClient_OnClose(IClient sender, SocketOperation socketOperation, int errorCode)
    {
        return HandleResult.Ok;
    }

    private HandleResult TcpClient_OnConnect(IClient sender)
    {
        Debug.Log("连接服务端成功");
        return HandleResult.Ok;
    }

    private void OnDestroy()
    {
        // 停止连接
        tcpClient.Stop();
    }
}
```

6.4.3 服务端逻辑实现

制作服务端相对来说更为简单。与客户端不同，大多数情况下，服务端只需监听并等待客户端发送消息。一旦接收到消息，服务端就将对消息进行处理，并将处理结果返回给客户端。

01 切换到服务端项目，这里开始处理当接收到客户端的注册与登录事件后所对应的操作以及回应。打开 UserControl 脚本，编写代码。

```
using LitJson;
using System;
using System.Collections.Generic;

namespace SecondServer
{
    internal class UserControl : IMessageReceiver
    {
        // 用户账号信息保存
        public Dictionary<string, string> userDic = new Dictionary<string, string>();

        public void ReceiveMessage(IntPtr connId, JsonData json)
        {
            string key = json["key"].ToString();
            // 如果收到注册请求
            if (key == "reg")
            {
                // 获取用户名
```

```csharp
            string name = json["name"].ToString();
            // 获取密码
            string pwd = json["pwd"].ToString();
            // 处理结果为 1 时成功，为 0 时失败
            int code = 0;
            // 注册要求账号和密码都有长度限制
            if (name.Length > 3 && name.Length < 18 &&
                pwd.Length > 3 && pwd.Length < 18 &&
                !userDic.ContainsKey(name))
            {
                // 注册成功，将账号存到字典中
                userDic.Add(name, pwd);
                // 注册成功
                code = 1;
            }
            // 创建 JSON 对象，准备回复消息
            JsonData resData = new JsonData();
            // 设置 type
            resData["type"] = "user";
            // 设置 key
            resData["key"] = "regRes";
            // 设置 code
            resData["code"] = code;
            // 发送消息
            NetManager.Instance.Send(connId, resData.ToJson());
        }
        // 如果收到登录请求
        if (key == "login")
        {
            // 获取用户名
            string name = json["name"].ToString();
            // 获取密码
            string pwd = json["pwd"].ToString();
            // 处理结果为 1 时成功，为 0 时失败
            int code = 0;
            // 判断登录的账号是否存在以及账号密码是否正确
            if (userDic.ContainsKey(name) && userDic[name] == pwd)
            {
                // 登录成功
                code = 1;
            }
            // 创建 JSON 对象，准备回复消息
            JsonData resData = new JsonData();
            // 设置 type
            resData["type"] = "user";
            // 设置 key
```

```csharp
        resData["key"] = "loginRes";
        // 设置code
        resData["code"] = code;
        // 发送消息
        NetManager.Instance.Send(connId, resData.ToJson());
    }
}

public void OnAccept(IntPtr connId)
{

}

public void OnClose(IntPtr connId)
{

}
```

02 这时依次启动服务端与Unity客户端，输入想要使用的用户名和密码，如图6-25所示。

03 单击"注册"按钮 注册 。如果用户名和密码不符合要求或重复注册，就会打印"注册失败"；如果用户名和密码符合要求，就会打印"注册成功"，如图6-26所示。

图6-25

图6-26

04 注册成功后，单击"登录"按钮 登录 。如果账号不存在或密码错误，就会打印"登录失败"；如果账号存在且密码正确，就会打印"登录成功"，如图6-27所示。同时UI界面也会隐藏，进入到游戏界面中，如图6-28所示。

图6-27

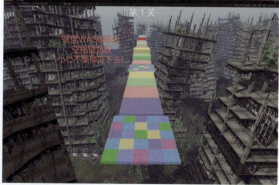

图6-28

6.5 数据同步

小萌 原来网络通信就是这么做的，那接下来做玩家之间的通信是不是也和登录、注册一样啊？

哈哈，那就不一样了，登录、注册算是最简单的，所以很多游戏也并不使用Socket去做登录、注册，而是使用HTTP方式进行登录和注册。真正进入游戏场景后，玩家之间的通信就有些复杂了。这需要了解一下什么是帧同步、什么是状态同步，然后规定的游戏是如何进行数据同步的，最后才开始编写逻辑代码。
飞羽

6.5.1 帧同步与状态同步

下面了解多人游戏与单人游戏之间最显著的区别，即同步。所谓同步，就是确保在多个设备进行游戏时，在所有设备上能够呈现相同的效果。常用的同步方式有状态同步和帧同步。

先来了解一下状态同步。这种同步方式要求客户端将自身的信息通过服务端同步给其他客户端，例如当前客户端角色的位置、旋转和动画等。大部分涉及逻辑运算的操作都在服务端进行，例如购买道具。当玩家购买道具时，会将该命令发送给服务端，服务端会进行逻辑运算，判断金钱是否足够，如果足够则减少金钱并添加物品，然后将结果命令发送给客户端，从而实现成功购买。状态同步具有较高的安全性，不用担心玩家使用修改器来修改客户端的数据，因为数据和逻辑都在服务端上。

举一个例子，在某网游中，当玩家单击地面时，角色会移动，并且服务端会直接将计算好的最新位置同步给其他客户端。其他客户端收到位置信息后，只需将角色放置在该位置即可，无须再进行计算。这就是状态同步的作用。

那么什么是帧同步呢？帧同步很容易理解。将每秒划分为固定的逻辑帧数，在每个逻辑帧上进行同步操作。与状态同步不同，帧同步同步的是命令而不是状态。也就是说，当客户端准备处理某个逻辑时，会将处理命令发送给服务端。服务端收到命令后不会进行任何处理，而是直接将命令转发给所有客户端。所有客户端收到命令后，会根据命令同时开始处理该逻辑，通过这种方式实现同步效果。

再举一个例子，在某网游中，当玩家单击地面时，角色不会立即移动，而是会将移动到某个坐标的命令发送给服务端。服务端将该命令转发给所有客户端。客户端收到消息后，各自进行计算，使角色移动到目标位置。由于计算过程在不同客户端上进行，因此需要使用定点数进行计算。如果使用浮点数，不同设备进行浮点数运算可能会产生微小差异，导致多个客户端运行一段时间后的差异越来越大。

6.5.2 同步角色信息

为了方便读者理解信息同步并快速入门多人游戏开发，这里的游戏规定了同步方式：在每个逻辑帧中，玩家角色的信息会被发送到服务端，然后再同步给其他客户端。为了实现这种方式，选择了Unity提供的FixedUpdate方法作为逻辑帧，通过该方法不断向其他客户端发送自己的位置和其他状态。这种方式实现起来难度非常小，也非常容易上手。当然，需要指出的是，这里没有考虑大型游戏在同步时进行的优化操作。

01 编写核心的同步脚本，该脚本会挂载到玩家角色身上，负责发送玩家自己的角色信息或者接收其他玩家角色的信息。在"项目"面板中创建一个"C#脚本"，并重命名为NetTransform。双击打开脚本，编写代码。

```
using System.Collections;
using System.Collections.Generic;
using LitJson;
using UnityEngine;
```

```csharp
// 该组件
public class NetTransform : MonoBehaviour
{
    // 这里选择使用 Animation 动画组件
    private Animation ani;

    // 是否是当前客户端的玩家角色
    bool IsPlayer()
    {
        return gameObject.tag == "Player";
    }

    void Awake()
    {
        // 获取动画组件
        ani = GetComponent<Animation>();
        // 如果不是主角，没必要使用物理计算
        if (IsPlayer() == false)
        {
            // 删除刚体
            Destroy(GetComponent<Rigidbody>());
            // 删除碰撞体
            Destroy(GetComponent<CapsuleCollider>());
        }

    }

    // 同步位置动画数据
    public void SetTransform(JsonData datas)
    {
        // 格式：{ "type":"game","key":"transform","id":0,"posX":0.0,"posY":0.0,"posZ":0.399,"rotX":0.0,"rotY":0.0,"rotZ":0.0,"ani":"WAIT00" }
        // 获取角色的位置和旋转数据
        double posX = (double)datas["posX"];
        double posY = (double)datas["posY"];
        double posZ = (double)datas["posZ"];
        double rotX = (double)datas["rotX"];
        double rotY = (double)datas["rotY"];
        double rotZ = (double)datas["rotZ"];
        // 设置该角色的位置和旋转
        transform.position = new Vector3((float)posX, (float)posY,(float)posZ);
        transform.rotation = Quaternion.Euler((float)rotX, (float)rotY, (float)rotZ);
        // 获取当前的动画名称
        string aniName = datas["ani"].ToString();
        // 播放动画
        ani.Play(aniName);
    }

    // 发送位置动画数据
```

```csharp
void FixedUpdate()
{
    // 如果不是当前客户端玩家，不用同步数据
    if (IsPlayer() == false)
    {
        return;
    }
    // 如果是当前玩家的角色，发送位置与动画同步
    var pos = transform.position;
    var rot = transform.rotation.eulerAngles;
    // 获取当前播放的动画
    string aniName = "IDLE";
    if(ani.IsPlaying("RUN"))
    {
        aniName = "RUN";
    }
    if (ani.IsPlaying("JUMP"))
    {
        aniName = "JUMP";
    }
    // 创建数据：包含角色 ID、位置、旋转、动画名称
    JsonData jd = new JsonData();
    jd["type"] = "game";
    jd["key"] = "transform";
    jd["id"] = LoginManager.Instance.clientId;
    jd["posX"] = pos.x;
    jd["posY"] = pos.y;
    jd["posZ"] = pos.z;
    jd["rotX"] = rot.x;
    jd["rotY"] = rot.y;
    jd["rotZ"] = rot.z;
    jd["ani"] = aniName;
    // 发送数据
    NetManager.Instance.Send(JsonMapper.ToJson(jd));
}
```

02 同时需要到服务端处理一下，当服务端接收到某个客户端同步信息的消息后，只需要转发给其他客户端，即可完成同步。打开服务端的 GameControl 脚本，编辑代码。至此，信息同步的逻辑就处理完了，读者可以在学习完后面两节内容后，再回头看这里的代码，会更容易理解。

```csharp
using LitJson;
using System;

namespace SecondServer
{
    internal class GameControl : IMessageReceiver
    {
        public void ReceiveMessage(IntPtr connId, JsonData json)
```

```
{
    string key = json["key"].ToString();
    // 接收到同步位置的请求
    if (key == "transform")
    {
        // 直接转发给其他客户端
        NetManager.Instance.SendOther((int)json["id"], json.ToJson());
    }
}

public void OnAccept(IntPtr connId)
{

}

public void OnClose(IntPtr connId)
{

}
}
```

6.6 创建角色

 小萌：终于要创建角色啦！

 飞羽：哈哈，是的，坚持到了最终环节啦！这里为了一次性讲解完成角色相关内容，所以将它放到了最后，如果自己开发项目，可以在前面就创建角色测试场景。那么，接下来就导入角色吧！

6.6.1 动画编辑

01 执行"窗口>资产商店"菜单命令，在资产商店中下载并导入Unity-Chan! Model，如图6-29所示。为了保证制作案例时使用的资源版本与本书一致，读者可以直接从本书提供的资源中导入该资源。

> **技巧提示** 在本书的其他项目中，角色动画都是通过使用Animator组件进行播放的。然而，在制作角色众多的网游时，Animation也是非常实用的。因此，在这里将学习如何使用Animation来进行角色动画的播放。当然，如果仍然选择使用Animator，也没有任何问题。

图6-29

02 在"项目"面板中按住Shift键,选中unity-chan!/Unity-chan! Model/Art/Animations文件夹中的unitychan_WAIT00、unitychan_JUMP00B、unitychan_RUN00_F这3个动画文件,也就是站立、跳跃与跑步动画。在"检查器"面板中修改"动画类型"为"旧版",也就是Animation动画,如图6-30所示。

03 依次展开这3个动画文件,可以看到它们都包含一个动画片段。选中动画片段,按快捷键Ctrl+C进行复制,然后在"项目"面板中创建一个新的文件夹,命名为PlayerAnimations,选中该文件夹并按快捷键Ctrl+V,将刚才的动画片段粘贴到新的文件夹中,并将WAIT00重命名为IDLE,将JUMP00B重命名为JUMP,将RUN00_F重命名为RUN。列表如图6-31所示。

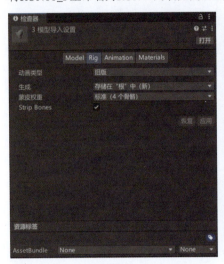

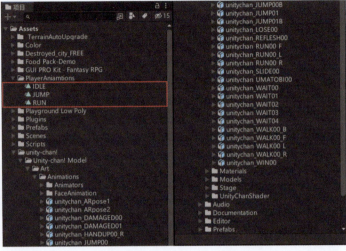

图6-30   图6-31

04 因为站立动画是需要循环播放的,所以选中IDLE动画,在"检查器"面板中将"贴图间拼接模式"设置为"循环",如图6-32所示。

05 同样,跑步动画也是需要循环播放的,选中RUN动画,在"检查器"面板中将"贴图间拼接模式"设置为"循环",如图6-33所示。至此,3个角色动画就准备完成了。

图6-32   图6-33

6.6.2 主角逻辑

01 创建角色。在"项目"面板中将unity-chan!/Unity-chan! Model/Prefabs/for Locomotion/unitychan拖曳到场景中的起点处,并重命名为Player,如图6-34所示。

图6-34

02 在"层级"面板中选中Player,在"检查器"面板中设置"标签"为Player,并删除自带的两个脚本组件与Animator组件,同时添加一个Animation组件,如图6-35所示。

03 这里可以看到Animation动画列表为空,将上一小节准备好的3个动画文件添加到列表中,并设置默认动画为站立动画,如图6-36所示。

04 运行游戏,可以看到播放的站立动画,证明动画设置没有问题,如图6-37所示。

图6-35

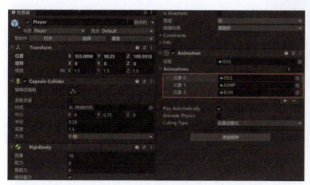

图6-36

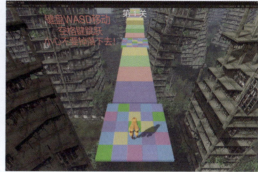

图6-37

05 将之前创建的PlayerControl脚本与NetTransform脚本添加到Player上,也就是分别添加了当前客户端的角色控制器、其他客户端的角色管理器和该角色数据同步这3个功能。编辑PlayerControl脚本。

```
using System;
using UnityEngine;

public class PlayerControl : MonoBehaviour
{
    // 玩家的默认速度
    public float speed = 5f;
    // 是否踩在地面上
    private bool isGround;
    // 刚体组件
    private Rigidbody rbody;
    // 动画组件
    private Animation ani;
    void Start()
    {
        // 获取动画组件
        ani = GetComponent<Animation>();
        // 获取刚体组件
        rbody = GetComponent<Rigidbody>();
    }

    void Update()
```

```csharp
{
    // 获取水平输入，也就是键盘的 A、D 键或左右按键
    float horizontal = Input.GetAxis("Horizontal");
    // 获取垂直输入，也就是键盘的 W、S 键或上下按键
    float vertical = Input.GetAxis("Vertical");
    // 获取输入向量
    Vector3 dir = new Vector3(horizontal, 0, vertical).normalized;
    // 如果向量为 0，证明一定按下了某个方向键
    if (dir != Vector3.zero)
    {
        // 面对该向量的方向
        transform.rotation = Quaternion.LookRotation(dir);
        // 移动
        transform.position += dir * Time.deltaTime * speed;
        // 如果在地面上
        if (isGround)
        {
            // 播放移动动画
            ani.Play("RUN");
        }
    }
    else
    {
        // 如果没有按按键也在地面
        if (isGround)
        {
            // 播放站立动画
            ani.Play("IDLE");
        }
    }

    // 如果在地面按下空格键
    if (Input.GetKeyDown(KeyCode.Space) && isGround)
    {
        // 给一个向上的力，也就是跳跃
        rbody.AddForce(Vector3.up * 2000);
    }
    // 如果不在地面
    if (isGround == false)
    {
        // 播放跳跃动画
        ani.Play("JUMP");
    }
}

private void OnCollisionEnter(Collision collision)
```

```
    {
        // 如果碰到地面
        if (collision.collider.CompareTag("Ground"))
        {
            // 保存变量为 true
            isGround = true;
        }
    }

    private void OnCollisionStay(Collision collision)
    {
        // 如果碰到地面
        if (collision.collider.CompareTag("Ground"))
        {
            // 保存变量为 true
            isGround = true;
        }
    }

    private void OnCollisionExit(Collision collision)
    {
        // 如果离开地面
        if (collision.collider.CompareTag("Ground"))
        {
            // 保存变量为 false
            isGround = false;
        }
    }
}
```

06 为了将重点放在网络上，角色控制就简单写在单脚本中了。如果读者有兴趣，可以将其编写为有限状态机并添加多个角色特性。现在运行游戏，已经可以使用W键、A键、S键、D键来控制角色的移动，按Space键，角色就能跳跃，如图6-38所示。

图6-38

07 在"项目"面板中创建一个"C#脚本",并重命名为CameraControl,然后将其挂载到"层级"面板中的Camera摄像机物体上。双击打开脚本,编写代码。

```csharp
using System.Collections;
using System.Collections.Generic;
using UnityEngine;

public class CameraControl : MonoBehaviour
{
    // 摄像机跟随的目标
    public Transform target;
    // 保存摄像机和玩家之间的固定向量
    private Vector3 dir;

    void Start()
    {
        // 如果没有设置跟随目标
        if (target == null)
        {
            // 找到玩家
            GameObject player = GameObject.FindWithTag("Player");
            // 设置默认跟随目标为玩家
            target = player.transform;
        }
        // 计算固定向量
        dir = target.position - transform.position;
    }

    void LateUpdate()
    {
        // 随时通过向量和玩家位置计算出当前摄像机的新位置
        transform.position = target.position - dir;
    }
}
```

08 现在摄像机也会跟随角色移动了。再次运行游戏,可以测试角色是否可以正常进行游戏,这里会看到关卡数会正常更新,并且编写的各种预设体也可以正常运行,如图6-39所示。

图6-39

6.7 敌人客户端

小萌：太有趣了，我都玩得停不下来了！

飞羽：哈哈，联网功能完成后，大家一起才更好玩，接下来就来完善最后的部分吧！

6.7.1 敌人逻辑

01 执行"窗口>资产商店"菜单命令，在资产商店中下载并导入RPG Monster Duo PBR Polyart，如图6-40所示。为了保证制作案例时使用的资源版本与本书一致，读者可以直接从本书提供的资源中导入该资源。

02 在"项目"面板中，按住Shift键，选中RPG Monster Duo PBR Polyart/Animations/Slime文件夹中的IdleNormal_Slime_Anim、Run_Slime_Anim、Taunt_Slime_Anim这3个动画文件，也就是站立、跳跃与跑步动画。在"检查器"面板中修改"动画类型"为"旧版"，也就是Animation动画，如图6-41所示。

图6-40

图6-41

技巧提示 同理，不要忘了依次展开这3个动画文件，同样选中动画片段，按快捷键Ctrl+C进行复制，然后在"项目"面板中创建一个新的文件夹，命名为EnemyAnimations，选中该文件夹并按快捷键Ctrl+V，将刚才复制的动画片段粘贴到新的文件夹中，并将IdleNormal重命名为IDLE，Taunt重命名为RUN，Run重命名为JUMP。

与玩家动画相同，站立动画是需要循环播放的，所以选中IDLE动画与RUN动画，在"检查器"面板中设置"贴图间拼接模式"为"循环"播放，这样动画就设置完成了。

03 在"项目"面板中找到RPG Monster Duo PBR Polyart/Prefabs/SlimePBR，将其拖曳到场景中，并重命名为Enemy，如图6-42所示。

图6-42

04 在"层级"面板中，选中Enemy，在敌人的"检查器"面板中删除Animator组件，并添加Animation组件与NetTransform脚本，如图6-43所示。

05 这里可以看到Animation动画列表为空，将刚准备好的敌人动画文件添加到列表中，并设置默认动画为站立动画，如图6-44所示。将Enemy拖曳到"项目"面板中，生成预设体，然后删除"层级"面板中的Enemy，敌人就设置完成了。

图6-43

图6-44

6.7.2 游戏完善

01 完善创建敌人的脚本，也就是其他客户端的管理脚本。打开PlayerManager脚本，编写代码。

```
using System.Collections.Generic;
using LitJson;
using UnityEngine;

public class PlayerManager : MonoBehaviour
{
    // 单例
    public static PlayerManager Instance;
    // 敌人预设体，关联上小节中制作的敌人预设体
    public GameObject Prefab;
    // 管理其他网络玩家信息
    private Dictionary<int, NetTransform> netPlayersDic = new Dictionary<int, NetTransform>();
    void Awake()
    {
        // 设置单例
        Instance = this;
    }

    // 根据客户端ID 添加对应的游戏角色
    public void AddPlayer(int id)
    {
        // 实例化预设体并获取身上的同步组件
        NetTransform trans = Instantiate(Prefab).GetComponent<NetTransform>();
        // 将客户端ID 与对应的同步组件保存到字典中
        netPlayersDic.Add(id, trans);
    }
```

```csharp
// 获得玩家
public NetTransform GetPlayer(int id)
{
    // 如果字典包含了对应的 ID
    if (netPlayersDic.ContainsKey(id))
    {
        // 返回该客户端角色的同步组件
        return netPlayersDic[id];
    }
    return null;
}

// 接收服务端发来的 game 事件
public void ReceiveMessage(JsonData json)
{
    string key = json["key"].ToString();
    // 如果收到了需要同步其他客户端的消息
    if (key == "transform")
    {
        // 获取该客户端的同步组件
        NetTransform nt = GetPlayer((int)json["id"]);
        // 如果组件不为空
        if (nt)
        {
            // 设置组件的同步数据
            nt.SetTransform(json);
        }
    }
}

// 根据客户端 ID 移除对应的游戏角色
public void RemovePlayer(int id)
{
    // 如果字典包含了对应的 ID
    if (netPlayersDic.ContainsKey(id))
    {
        // 删除客户端角色
        Destroy(netPlayersDic[id].gameObject);
        // 删除字典保存的该角色信息
        netPlayersDic.Remove(id);
    }
}
}
```

02 将该脚本挂载到"层级"面板中的NetManager上，然后选中NetManager，将敌人预设体关联到脚本上，如图6-45所示。至此，客户端就制作完成了。

03 为了测试多客户端的联网是否成功。生成游戏，在菜单栏中执行"文件>生成设置"菜单命令，在新面板中单击"玩家设置"按钮 玩家设置... ，如图6-46所示。

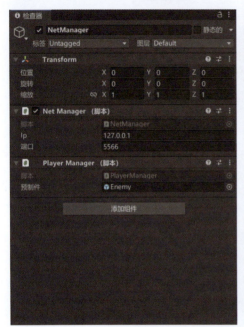
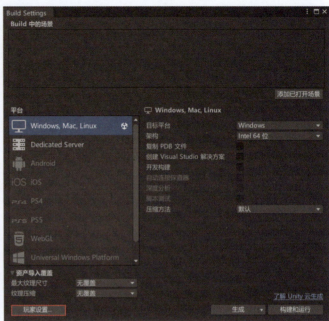

图6-45　　　　　　　　　　　　　　　　　　图6-46

04 在新面板中将游戏设置为窗口运行，即设置"全屏模式"为"窗口化"，方便打开多个客户端进行测试，如图6-47所示。

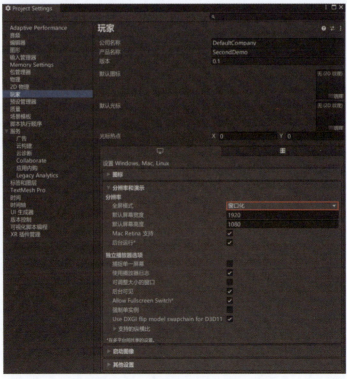

图6-47

05 单击"生成"按钮 生成 ，选择要生成的文件夹，如图6-48所示。生成完成后，计算机会自动打开游戏文件夹，双击与项目同名的.exe文件即可打开游戏。

图6-48

06 运行游戏服务端，然后打开多个客户端并注册和登录，即可测试多人游戏是否正常，如图6-49和图6-50所示。经过多次测试，可以看到服务端与客户端均正常，意味着游戏制作完成。

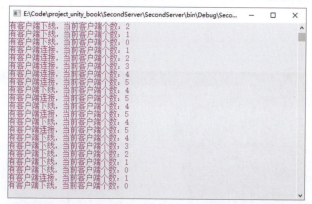

图6-49

图6-50

07 如果想优化场景，可以再为场景加一些特效，代表特殊点，例如检查点、加速区等，这样看起来效果会更好，如图6-51所示。

图6-51

08 如果想让敌人客户端显示为其他模型，那么将敌人角色创建为其他模型即可，例如这里将敌人也设置为主角同模型显示，如图6-52所示。

图6-52

第4篇 第三人称角色动作游戏

■ 学习目的

本篇将制作一个动作探险游戏,将使用新输入系统支持键盘鼠标和游戏手柄,学习使用LOD优化大型游戏,为角色编写动作状态模式,添加武器和翅膀特效。另外,还将介绍异步场景切换、加载进度和制作RPG常用功能(如对话、信息、背包和任务等系统)。所有使用的资源均来自Unity商城的免费资源,这些资源有局限,以后可用更高质量的资源重制游戏。游戏功能中的对话和背包系统是独立的、通用的,建议保存代码以便复用。物品和任务系统简单直接地写在了脚本中,但也可尝试从文件加载。完成项目后,读者将能独立地制作RPG游戏,并应继续实践以巩固所学技术。

第7章 动作探险游戏

本章的目标是通过制作一款动作探险游戏来深入理解Unity的基本开发知识。该项目涵盖了Unity编辑器的基本操作、物理系统、动画系统、UI界面系统等基础知识,以及新版输入系统、LOD优化、对象池优化、有限状态机、动作轻功、背包物品、对话制作、任务制作和剧情制作等内容。完成本项目后,结合前面章节的内容,读者将能够使用Unity制作出优秀的游戏。

7.1 游戏策划

小萌:飞羽老师,我发现使用项目来练习,果然成长快很多啊!我之前学完Unity基础后就一直很迷茫,觉得很难提升,感觉做项目时就无从下手,但是练习了前面几个项目后,我现在甚至能做一个简单的RPG网游出来和朋友玩了!

飞羽:哈哈,没错!我一直在向所有的学生提醒这一点,想学好,重要的就是练习,多练习写项目。如果只学会基础知识就放下,那很快就会忘记这些知识,而且用的时候确实会有无从下手的感觉。

小萌:那现在是不是还有一个项目要做?

飞羽:没错,这个项目的综合性更强一些,而且同时支持键盘与手柄操作。提前布置个作业,当这个项目完成后,一定要结合前面的内容做一款自己喜欢的游戏,这也算练习,千万不要偷懒!

7.1.1 游戏背景

故事发生在一个被称为羽神的奇幻世界中。这个世界主要由风、水、火这3个元素构成,并保持了千百年的和平。因此,人们早已忘记了如何使用元素之力的方法。然而,最近有传言称风暴之龙即将苏醒,这将给世界带来毁灭的威胁。作为守护者,大祭司通过翻译远古记录预测到,只有从异世界召唤一名天生掌握强大元素之力的勇者,才有可能解决这次危机并渡过难关。

玩家将扮演一名从现代穿越到该世界的勇者。在了解了前因后果之后,勇者决定留在这个世界,并帮助它渡过这场危机。简而言之,这是一款带有魔法元素的动作RPG类型游戏。

7.1.2 玩法内容

游戏开始后,主角会在羽神世界中出生。在与大祭司沟通后,主角了解到当前世界正面临着危险,于是决定帮助大祭司封印风暴之龙。为了觉醒元素之力,主角将完成打元素水、挖元素矿、打史莱姆等任务。完成任务后,主角的元素之力将完全觉醒,大祭司可召唤风暴之龙并对其进行封印。

场景:羽神世界的野外场景,地图上有各种花草树木,并且所有的任务都在这个场景中完成。
界面:包含简单的人物血条、伤害漂移数字和任务界面。
主角:一个标准的动作类主角,可以使用键盘或手柄对主角进行控制,如施展连击、重击和轻功等动作。
大祭司:游戏中的NPC,会给主角分配任务,并在封印风暴之龙时帮助主角。
河水:可以用来打元素水,以收集水元素之力。
矿石:可以挖掘元素矿,以收集火元素之力。

史莱姆： 击杀后可以收集风元素力。

风暴之龙： 最终的Boss，封印之后游戏结束。

扩展性： 具有很好的扩展性，可以扩展更多的动作、技能、轻功、任务和敌人等内容。

7.1.3 实现路径

下面介绍游戏的实现路径。

1.实现步骤

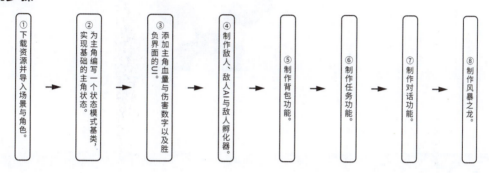

2.操作按键

本游戏的操作按键及功能介绍如表7-1所示。

表7-1

按键	功能
键盘W键、A键、S键、D键/手柄左摇杆	角色移动
鼠标左右移动/手柄右摇杆	移动画面
鼠标左键/手柄X键	攻击/连击
鼠标右键/手柄Y键	重攻击
键盘F键/手柄B键	交互
键盘Space键/手柄A键	跳跃/轻功

3.出场人物

本游戏的出场角色及背景如表7-2所示。

表7-2

角色	形象
主角	
NPC	

表7-2（续）

角色	形象
史莱姆	
风暴龙	

4.动画片段

本游戏的动画片段如表7-3所示。

表7-3

角色	状态	动画		
主角	站立			
	移动			
	攻击1			
	攻击2			
	攻击3			

表7-3（续）

角色	状态	动画		
史莱姆	站立			
	攻击			
风暴龙	站立			
	攻击			
	技能1			
	技能2			

7.2 创建项目

和前面一样,首先需要创建项目!
飞羽

7.2.1 导入场景

01 创建一个新的3D项目,然后导入游戏场景。执行"窗口>资产商店"菜单命令,在资产商店中下载并导入Lowpoly Environment - Nature Free - MEDIEVAL FANTASY SERIES,如图7-1所示。为了保证制作案例时使用的资源版本与本书一致,读者可以直接从本书提供的资源中导入该资源。

02 在"项目"面板中双击打开Polytope Studio/Lowpoly_Demos/Environment_Free/Environment_Free场景,如图7-2所示。

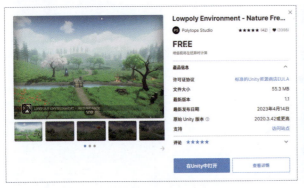
图7-1

图7-2

03 删除场景中自带的玩家与摄像机。在"层级"面板中单击Player,按Delete键删除,同样删除"层级"面板中的PostProcessing。在"层级"面板中单击"加号"按钮,选择"摄像机",创建一个新的摄像机,并设置"标签"为MainCamera,如图7-3所示。

图7-3

7.2.2 导入主角

01 执行"窗口>资产商店"菜单命令,在资产商店中下载并导入PicoChan,如图7-4所示。为了保证制作案例时使用的资源版本与本书一致,读者可以直接从本书提供的资源中导入该资源。

图7-4

02 接下来准备创建主角,这个示例展示了另一种主角的制作方法,即将空物体用来制作为游戏主角,再将主角模型作为其子物体,仅仅用来进行显示即可。在"层级"面板中单击"加号"按钮➕,选择"创建空对象",创建一个空的游戏物体,命名为Player,并设置"标签"为Player,为其依次添加Capsule Collider碰撞组件与Rigidbody刚体组件。参数设置如图7-5所示。

03 在"项目"面板中依次找到Picola/PicoChan/Models/pico_chan_chr_pico_00,将其拖曳到"层级"面板中刚创建的Player物体上,作为其子物体存在。将"层级"面板中的Camera也拖曳到Player物体上作为子物体存在,当前结构如图7-6所示。

图7-5　　　　　　　图7-6

04 在"层级"面板中选中Camera,设置"检查器"面板的参数,如图7-7所示。"游戏"面板效果如图7-8所示。

图7-7　　　　　　　图7-8

技巧提示 在需要确定玩家是否在地面上时,通常会使用标签设置法。将地面的标签设置为Ground,然后通过判断角色碰撞的物体标签是否为Ground来判断当前角色是否与地面发生了碰撞。在这里可以采用另一种方法,就是在角色脚下添加一个小的触发器,如果触发器被触发,即可证明角色的脚已经踩在地面上了。

05 在"层级"面板中创建一个空的游戏物体,命名为IsGround,并且将其同样拖曳到"层级"面板中的Player物体上,作为子物体存在。在"项目"面板中单击"加号"按钮➕,选择"C#脚本",创建一个脚本,并重命名为IsGroundControl,然后将其挂载到IsGround物体上。双击打开脚本,编写代码。

```
using System;
using System.Collections;
using System.Collections.Generic;
using UnityEngine;

public class IsGroundControl : MonoBehaviour
{
//是否碰撞到地面
```

```
  private bool isGround;

//是否碰撞到地面属性
  public bool IsGround
  {
    get
    {
      return isGround;
    }
  }

//进入触发
  private void OnTriggerEnter(Collider other)
  {
//设置为碰撞到地面
    isGround = true;
```

```
  }

//触发中
  private void OnTriggerStay(Collider other)
  {
//设置为碰撞到地面
    isGround = true;
  }

//离开触发
  private void OnTriggerExit(Collider other)
  {
//设置为结束碰撞地面
    isGround = false;
  }
}
```

06 为其添加一个球形触发器，并设置参数，如图7-9所示。至此，角色就创建好了。

图7-9

7.3 输入系统

小萌　游戏能不能支持手柄呢？我玩的很多游戏都支持手柄，最近用手柄都用惯啦，我也想做一个可以支持手柄功能的游戏。

当然可以！接下来就使用Unity提供的新版输入系统来让游戏同时支持键盘、鼠标与手柄！

飞羽

7.3.1 输入设备与系统

Unity的一个重要优点是能够方便地制作跨平台游戏，即只需制作一次，就可以在不同的设备上运行游戏。即使如此，制作跨平台游戏仍有几点需注意。

①设备不同，可能导致游戏的主要发布国家（地区）不同，需要考虑不同的本地化语言内容。

②设备性能有差异，需要为不同的设备提供不同的画质，并进行相应的优化。

③某些设备具有独特的功能接口，例如存档、聊天、消费等的功能接口。因此，需要为不同的设备接入相应的功能接口。

④设备的分辨率和屏幕尺寸的比例不同，需要为不同的设备进行分辨率和界面尺寸的适配。

⑤设备的平台有差异，需要适配不同设备的输入方式。

在这里将重点介绍⑤处的内容,这也是制作跨平台游戏时需要注意的比较重要的一点。因为有可能我们制作的游戏非常简单,不需要前4个注意事项的适配,但输入方式是必须要进行适配的。例如,计算机游戏通常可以使用键盘、鼠标或手柄进行控制,主机游戏大多使用手柄控制,而手机游戏通常使用触屏控制。输入设备如图7-10所示。

图7-10

　　Unity的旧版输入系统使用起来非常简单,主要依赖于一些方法,例如Input.GetKey和Input.GetMouseButton,以及预置的或配置好的输入事件来进行输入检测。因此,如果没有其他复杂的需求,这些方法既简单又方便。然而,如果需要涉及跨平台操作,旧版本的输入系统就会变得复杂一些。这是因为旧版输入系统在不同设备上的使用方式不同,要兼容多种输入设备,从而需要程序员自己编写一套输入系统来实现兼容。

　　相比之下,Unity的新版输入系统对输入的处理方式进行了统一,因此很容易实现多种输入设备的兼容。除此之外,新版输入系统在性能和扩展性等方面也优于旧版系统。因此,如果输入需求比较复杂,就可以使用Unity提供的新版输入系统。

7.3.2 绑定双设备按键

　　Unity新版输入系统为Input System,接下来介绍如何在游戏中使用Input System。

01 在菜单栏中执行"窗口>包管理器"菜单命令,在打开的"包管理器"面板中确保面板左上角的"包"为"Unity注册表",如果不是该选项,按图7-11所示的步骤进行操作即可。

02 在左侧列表中找到Input System,选中后在右侧视图中单击"安装"按钮 安装 ,如图7-12所示。如果出现提示,就单击Yes按钮,重启编辑器,就可以使用新版输入系统了。

图7-11　　　　　　　　　　　　　　　图7-12

03 单击"项目"面板中的"加号"按钮 ,选择Input Actions,创建一个新版输入系统的输入配置文件,并重命名为MyControls,如图7-13所示。

04 双击MyControls文件,可以看到打开了输入系统的配置面板,如图7-14所示。

图7-13　　　　　　　　　　　　　　　图7-14

05 这里的需求是只需要一套输入映射,这套输入映射同时支持键盘、鼠标和手柄即可,所以需要在左侧的Action Maps列表中添加一套映射。单击Action Maps右侧的"加号"按钮➕,即可添加一套映射,这里重命名为Custom,如图7-15所示。

图7-15

> **技巧提示** 下面需要在第2列的Actions列表中添加输入事件。

1.轻攻击

01 单击Actions右侧的"加号"按钮➕,添加一个事件,并重命名为Attack1,将其作为设置的轻攻击事件,如图7-16所示。

02 那么如何触发Attack1事件呢?这就需要选中Attack1下的<No Binding>,并在第3列的面板中进行按键设置,这里设置鼠标左键可以触发Attack1事件,如图7-17所示。

图7-16　　　　　　　　　　　　图7-17

单击Attack1右侧的"加号"按钮➕,选择Add Binding,添加第2种触发方式,这里设置手柄右侧的按钮区域中的左侧按钮可以进行触发,如图7-18所示。

> **技巧提示** 这里已经设置好了攻击按键,并且新版输入系统还支持通过鼠标左键和手柄的一个按钮进行触发。可以看出,新版输入系统在多设备支持方面非常方便。

图7-18

2.重攻击

01 单击Actions右侧的"加号"按钮➕,添加一个事件,并重命名为Attack2,将其作为设置的重攻击事件,如图7-19所示。

02 选中Attack2下的<No Binding>,在第3列的面板中进行按键设置,这里设置鼠标右键可以触发该事件,如图7-20所示。

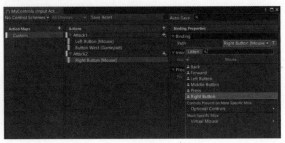

图7-19　　　　　　　　　　　　图7-20

03 再次单击Attack2右侧的"加号"按钮➕,选择Add Binding,添加第2种触发方式,这里设置手柄右侧的按钮区域中的上侧按钮可以触发该事件,如图7-21所示。这样就可以使用鼠标右键与手柄的一个按钮来控制重攻击了。

图7-21

3.跳跃

01 单击Actions右侧的"加号"按钮➕,添加一个事件,并重命名为Jump,将其作为设置的跳跃事件,如图7-22所示。

图7-22

02 选中Jump下的<No Binding>,在第3列的面板中进行按键设置,这里设置Space键可以触发该事件,如图7-23所示。

03 再次单击Jump右侧的"加号"➕,选择Add Binding,添加第2种触发方式,这里设置手柄右侧的按钮区域中的下侧按钮可以触发该事件,如图7-24所示。这样就可以使用键盘与手柄的一个按钮来控制跳跃了。

图7-23

图7-24

4.交互

01 单击Actions右侧的"加号"按钮➕,添加一个事件,并重命名为Interactive,也就是作为设置的交互事件,如图7-25所示。

02 选中Interactive下的<No Binding>,在第3列的面板中进行按键设置,这里设置F按键可以触发该事件,如图7-26所示。

图7-25

图7-26

03 再次单击Interactive右侧的"加号" ![+], 选择Add Binding, 添加第2种触发方式, 这里设置手柄右侧的按钮区域中的右侧按钮可以触发该事件, 如图7-27所示。这样就可以使用键盘与手柄的一个按钮来控制交互事件了。

图7-27

5.移动

01 添加一个事件并重命名为Move, 也就是作为设置的交互事件。移动的设置与上面的按键不同, 移动并不是需要一个按钮触发就可以了, 而是应该最终获得一个Vector2向量, 代表当前在水平和垂直方向上是否移动, 所以这里要进行设置。选中Move, 在右侧的面板中将其设置为Vector2值类型即可, 如图7-28所示。

图7-28

02 选中Move下的<No Binding>, 在第3列的面板中进行按键设置, 这里设置手柄左摇杆可以触发该事件, 如图7-29所示。

03 单击Move右侧的"加号"按钮![+], 选择Add Up/Down/Left/Right Composite, 添加第2种触发方式, 这里设置键盘的W键、A键、S键、D键分别对应Up、Left、Down、Right即可, 如图7-30所示。这样就可以使用键盘的W键、A键、S键、D键与手柄的左摇杆来控制一个Vector2向量了。

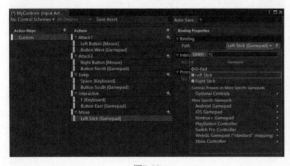

图7-29

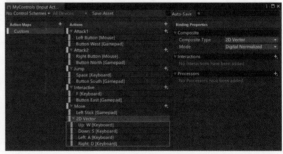

图7-30

6.镜头旋转

01 添加一个事件并重命名为Camera。与移动事件相同, 镜头旋转也需要获得一个Vector2向量, 代表当前在水平和垂直方向上是否移动, 所以这里要进行设置。选中Camera, 在右侧的面板中将其设置为Vector2值类型即可, 如图7-31所示。

图7-31

02 选中Camera下的<No Binding>，在第3列的面板中进行按键设置，这里设置手柄右摇杆可以触发该事件，如图7-32所示。

03 再次单击Camera右侧的"加号"按钮➕，选择Add Up/Down/Left/Right Composite，添加第2种触发方式，这里设置鼠标上、下、左、右移动分别对应Up、Down、Left、Right即可，如图7-33所示。这样就可以使用鼠标与手柄的右摇杆来控制一个Vector2向量了。

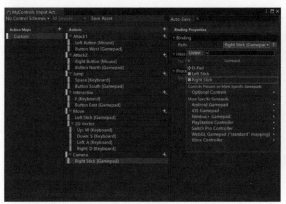
图7-32

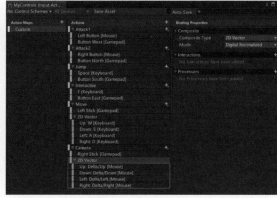
图7-33

技巧提示 至此，文件就配置完成了，不要忘记单击Save Asset按钮进行保存，如图7-34所示。

图7-34

7.3.3 输入管理器

在完成配置文件的设置之后，需要开始使用配置文件。配置文件可以在任何脚本中使用，但为了方便管理，建议在一个单例类中使用配置文件。

01 在"层级"面板中创建一个空物体，并重命名为InputManager。在"项目"面板中创建一个"C#脚本"，并重命名为InputManager，然后将其挂载到InputManager物体上。双击打开脚本，编写代码。

```
using System;
using System.Collections;
using System.Collections.Generic;
using UnityEngine;
using UnityEngine.InputSystem;


public class InputManager : MonoBehaviour
```

```csharp
{
    //单例
    public static InputManager Instance;
    //关联设置好的配置文件
    public InputActionAsset inputAsset;

    public bool Attack1
    {
        get
        {
            //键盘或手柄是否按下Attack1按键
            return inputAsset["Attack1"].WasPressedThisFrame();
        }
    }

    public bool Attack2
    {
        get
        {
            //键盘或手柄是否按下Attack2按键
            return inputAsset["Attack2"].WasPressedThisFrame();
        }
    }

    public bool Jump
    {
        get
        {
            //键盘或手柄是否按下Jump按键
            return inputAsset["Jump"].WasPressedThisFrame();
        }
    }

    public bool Interactive
    {
        get
        {
            //键盘或手柄是否按下Interactive按键
            return inputAsset["Interactive"].WasPressedThisFrame();
        }
    }

    public Vector2 Move
    {
        get
```

```csharp
    {
        //键盘或手柄是否按下Move按键，并返回Move向量
        return inputAsset["Move"].ReadValue<Vector2>();
    }
}

public Vector2 Camera
{
    get
    {
        //键盘或手柄是否按下Camera按键，并返回Move向量
        return inputAsset["Camera"].ReadValue<Vector2>();
    }
}

void Awake()
{
    //设置单例
    Instance = this;
    //开始启用输入
    inputAsset.Enable();
}
}
```

02 至此，输入系统就设置完成了。这时需要在"层级"面板中选中 InputManager，在"检查器"面板中关联好配置文件，如图7-35所示。

图7-35

7.4 摄像机与LOD优化

小萌　哇！新版的输入系统真的很好用，这么轻松就做好了多设备的支持，接下来输入管理器的使用应该也很简单吧！

哈哈，是的，下面讲解一下与摄像机相关的内容，并使用上一节的输入管理器来制作一下摄像机的旋转，让你体验一下使用输入管理器是多么简单！
飞羽

7.4.1 LOD优化

　　如果读者曾经体验过一些3D类型的游戏，可能就会发现一个相当有趣的现象：在游戏中，物体或NPC在远处是看不见的，只有当它们进入一定的范围时才能看到。这就是我们要讨论的LOD优化技术。

LOD优化是一种广泛应用的游戏优化技术，它能够极大地提高游戏性能，并且使用起来也相对简单。唯一需要准备的是，在游戏建模时需要导出多个模型文件，包括高模、中模和低模。例如，如果制作了一个游戏主角，就需要导出对应的高面数模型，以保证在距离模型较近时能够看到最精细的模型。同时，需要导出损失部分细节的中面数模型，在距离模型有一点距离时能够看到大致的模型效果。最后，还需要导出最为粗糙的低面数模型，以确保在远处能够大致看到该模型的外观。一般而言，高模虽然更精细，但其性能消耗远高于低模。LOD技术根据摄像机与模型的距离来选择使用不同的模型，从而实现良好的性能优化。

01 在Unity中使用LOD比较简单，这里使用一个新的游戏项目展示一个LOD使用示例。在该游戏项目中创建了3个模型，分别是代表高模的绿色胶囊体、代表中模的蓝色圆柱体、代表低模的红色立方体，如图7-36所示。

02 创建一个空物体，并命名为Player，并将3个物体作为Player的子物体，如图7-37所示。

图7-36

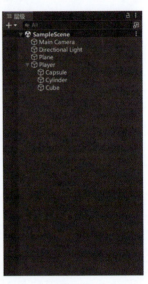

图7-37

03 修改3个模型的位置，让它们处于同一位置，因为它们代表同一模型的3种效果，如图7-38所示。

04 选中Player，在"检查器"面板中添加一个LOD Group组件，并将胶囊物体拖曳到LOD 0的渲染器上作为高模，将圆柱体拖曳到LOD 1的渲染器上作为中模，将立方体拖曳到LOD 2的渲染器上作为低模，如图7-39所示。

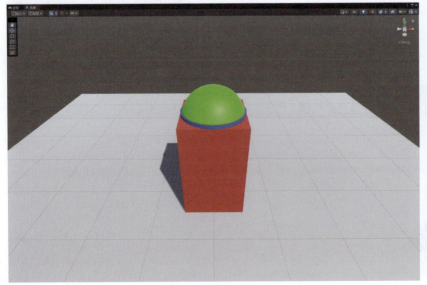

图7-38

图7-39

05 接下来可以左右滑动前面的蓝色摄像机图标或者直接在"场景"面板中滑动鼠标滚轮。当摄像机与模型之间的距离不同时,模型就会自动进行切换。例如,距离很近时,就会显示高模与LOD 0的标识,如图7-40所示;当距离较远时,就会显示中模与LOD 1的标识,如图7-41所示;当距离更远时,就会显示低模与LOD 2的标识,如图7-42所示;当距离超出显示范围后,就会不显示模型,并显示Culled标识,如图7-43所示。

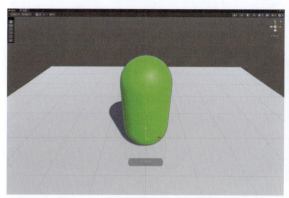
图7-40

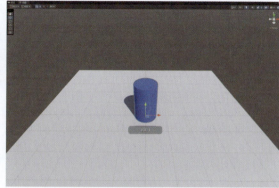
图7-41

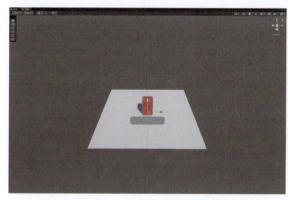
图7-42

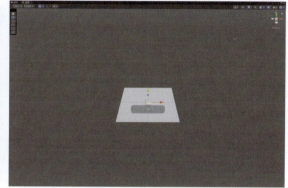
图7-43

技巧提示 可以清楚地看到,效果非常出色。如果需要进行修改,可以在"检查器"面板中添加或减少模型数量,或者调整不同LOD的距离等。这样可以在节省性能和提升画面效果之间达到最佳平衡。

06 这里看到使用的游戏场景中的物体大多都自带了LOD,所以这个场景的性能优化就很不错。例如在"项目"面板中选中Polytope Studio/Lowpoly_Environments/Prefabs/Rocks/PT_Generic_Rock_01,这是一块场景中的石头预设体,在"检查器"面板中可以看到石头自带了高模、中模、低模并设置好了LOD,如图7-44所示。

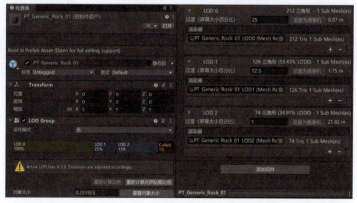
图7-44

7.4.2 摄像机控制

下面制作一下摄像机的旋转，也就是通过左右滑动鼠标或者是操作手柄上的右摇杆来进行镜头的旋转。因为输入管理器已经编写完成，所以实现起来非常简单。

01 在"项目"面板中创建一个"C#脚本"，并重命名为CameraControl，然后将其挂载到Player的子物体Camera物体上。双击打开脚本，编写代码。

```csharp
using System.Collections;
using System.Collections.Generic;
using UnityEngine;

public class CameraControl : MonoBehaviour
{
    private Transform player;
    void Start()
    {
        //通过父物体获取玩家
        player = transform.parent;
        //隐藏鼠标
        Cursor.lockState = CursorLockMode.Locked;
    }

    void Update()
    {
        //获取鼠标左右滑动或手柄右摇杆左右摇动的数值
        var x = InputManager.Instance.Camera.x;
        //根据数值让摄像机绕玩家移动，这里如果感觉摄像机移动较慢，可以把180修改为更大的数值
        transform.RotateAround(player.position, player.up, x * 180 * Time.deltaTime);
    }
}
```

02 运行游戏，效果如图7-45所示。滑动鼠标，可以看到镜头可以正常旋转，如图7-46所示。推动手柄的右摇杆，可以看到镜头也可以正常旋转，如图7-47所示。

图7-45

图7-46

图7-47

第8章 主角动作状态

本章将介绍与主角相关的内容，包括基本属性事件和常规动作控制，例如站立、移动、跳跃等。此外，还将探讨如何制作一系列流畅的连招动作，以及武侠RPG游戏中常见的轻功技能。

8.1 主角设置

这一章创建与主角相关的内容，本节需要创建主角的基本状态脚本和设置动画。

好的，赶快做完准备工作，我已经迫不及待地想制作连招和轻功啦！

8.1.1 主角动画

01 导入主角需要的动画资源。执行"窗口>资产商店"菜单命令，在资产商店中下载并导入RPG Character Mecanim Animation Pack FREE，如图8-1所示。为了保证制作案例时使用的资源版本与本书一致，读者可以直接从本书提供的资源中导入该资源。

02 在"项目"面板中单击"加号"按钮，选择"动画器控制器"，创建一个动画文件，并重命名为PlayerController，然后将其挂载到"层级"面板中的Player/pico_chan_chr_pico_00物体上，并取消勾选"应用根运动"选项，如图8-2所示。

图8-1

图8-2

03 双击PlayerController文件，打开"动画器"面板，将使用的动画拖曳到"动画器"面板上。在"项目"面板中，找到ExplosiveLLC/RPG Character Mecanim Animation Pack FREE/Animations/2Hand-Sword文件夹与ExplosiveLLC/RPG Character Mecanim Animation Pack FREE/Animations/Unarmed文件夹，在文件夹中找到站立动画RPG-Character@Unarmed-Idle、跑步动画RPG-Character@Unarmed-Run-Forward、跳跃动画RPG-Character@Unarmed-Jump，4个攻击动画RPG-Character@2Hand-Sword-Attack1、RPG-Character@2Hand-Sword-Attack4、RPG-Character@2Hand-Sword-Attack9、RPG-Character@2Hand-Sword-Attack11，死亡动

画RPG-Character@2Hand-Sword-Knockdown1,以及被击倒动画RPG-Character@2Hand-Sword-Knockback-Back2。将这些动画拖曳到"动画器"面板中,如图8-3所示。

技巧提示 在接下来的步骤中需要添加动画参数并创建动画过渡。这里将学习一种与第1个项目中的方式不同的新的动画过渡方式。笔者希望所有的动画都与站立动画产生过渡联系。也就是说,无论从哪个动画过渡到另一个动画,都必须先过渡到站立动画,然后从站立动画过渡到目标动画。这种方式非常简单易行。然而,如果希望在制作游戏项目时精确控制动画之间的过渡效果,最好还是使用第1个项目中的过渡方式进行制作。

图8-3

04 使用鼠标右键单击Unarmed-Idle(站立动画),在弹出菜单中选择"创建过渡"命令,并选择Unarmed-Run-Forward(跑步动画),这样就制作完成了从站立到跑步的过渡。按此方式将站立动画与其他所有动画的过渡都创建出来,如图8-4所示。

05 在"动画器"左侧面板中单击"加号"按钮 ,创建8个Bool类型的参数,并命名为Run、Attack1、Attack2、Attack3、Attack4、Jump、GetHit、Die,如图8-5所示。

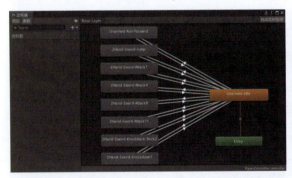

图8-4   图8-5

06 设置过渡的条件,并且关闭每个过渡的过渡时间,这样才可以最快速地切换动画。单击Unarmed-Idle到Unarmed-Run-Forward的过渡线,设置参数条件Run为true,表示允许从站立动画切换到跑步动画,然后取消选择"有退出时间"选项,如图8-6所示。

07 单击Unarmed-Run-Forward到Unarmed-Idle的过渡线,设置参数条件Run为false,表示允许从跑步动画切换到站立动画,然后取消选择"有退出时间"选项,如图8-7所示。

图8-6   图8-7

08 单击Unarmed-Idle到2Hand-Sword-Jump的过渡线，设置参数条件Jump为true，表示允许从站立动画切换到跳跃动画，然后取消选择"有退出时间"选项，如图8-8所示。

09 单击2Hand-Sword-Jump到Unarmed-Idle的过渡线，设置参数条件Jump为false，表示允许从跳跃动画切换到站立动画，然后取消选择"有退出时间"选项，如图8-9所示。

10 单击Unarmed-Idle到2Hand-Sword-Attack1的过渡线，设置参数条件Atttack1为true，表示允许从站立动画切换到攻击1动画，然后取消选择"有退出时间"选项，如图8-10所示。

图8-8

图8-9

图8-10

11 单击2Hand-Sword-Attack1到Unarmed-Idle的过渡线，设置参数条件Atttack1为false，表示允许从攻击1动画切换到站立动画，然后取消选择"有退出时间"选项，如图8-11所示。

12 单击Unarmed-Idle到2Hand-Sword-Attack4的过渡线，设置参数条件Atttack2为true，表示允许从站立动画切换到攻击2动画，然后取消选择"有退出时间"选项，如图8-12所示。

13 单击2Hand-Sword-Attack4到Unarmed-Idle的过渡线，设置参数条件Atttack2为false，表示是允许从攻击2动画切换到站立动画，然后取消选择"有退出时间"选项，如图8-13所示。

图8-11

图8-12

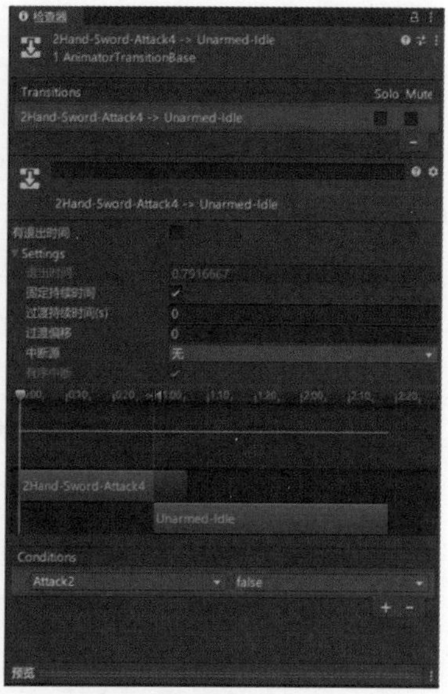

图8-13

14 单击Unarmed-Idle到2Hand-Sword-Attack9的过渡线，设置参数条件Atttack3为true，表示允许从站立动画切换到攻击3动画，然后取消选择"有退出时间"选项，如图8-14所示。

15 单击2Hand-Sword-Attack9到Unarmed-Idle的过渡线，设置参数条件Atttack3为false，表示允许从攻击3动画切换到站立动画，然后取消选择"有退出时间"选项，如图8-15所示。

16 单击Unarmed-Idle到2Hand-Sword-Attack11的过渡线，设置参数条件Atttack4为true，表示允许从站立动画切换到攻击4动画，然后取消选择"有退出时间"选项，如图8-16所示。

图8-14　　　　　　　　　　　　图8-15　　　　　　　　　　　　图8-16

17 单击2Hand-Sword-Attack11到Unarmed-Idle的过渡线，设置参数条件Atttack4为false，表示允许从攻击4动画切换到站立动画，然后取消选择"有退出时间"选项，如图8-17所示。

18 单击Unarmed-Idle到2Hand-Sword-Knockback-Back2的过渡线，设置参数条件GetHit为true，表示允许从站立动画切换到受攻击动画，然后取消选择"有退出时间"选项，如图8-18所示。

19 单击2Hand-Sword-Knockback-Back2到Unarmed-Idle的过渡线，设置参数条件GetHit为false，表示允许从受攻击动画切换到站立动画，然后取消选择"有退出时间"选项，如图8-19所示。

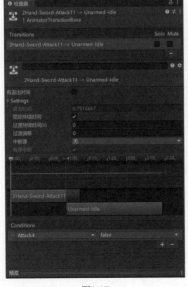 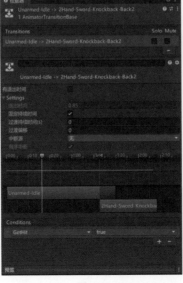 

图8-17　　　　　　　　　　　　图8-18　　　　　　　　　　　　图8-19

20 单击Unarmed-Idle到2Hand-Sword-Knockdown1的过渡线,设置参数条件Die为true,表示允许从站立动画切换到死亡动画,然后取消选择"有退出时间"选项,如图8-20所示。

21 单击2Hand-Sword-Knockdown1到Unarmed-Idle的过渡线,设置参数条件Die为false,表示允许从死亡动画切换到站立动画,然后取消选择"有退出时间"选项,如图8-21所示。

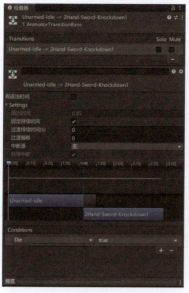 

图8-20　　　　　　　　　　图8-21

22 到此,动画就设置完成了。运行游戏,可以看到主角已经运用了站立动画,如图8-22所示。

图8-22

8.1.2 动作后摇

01 创建主角脚本,在"项目"面板中创建一个"C#脚本",并重命名为PlayerControl,然后将其挂载到Player物体上。双击打开脚本,编写代码。

```
using UnityEngine;

//这个脚本放在本章最后
public class PlayerControl : MonoBehaviour
{
    //单例
    public static PlayerControl Instance;
    //人物最大血量
```

```csharp
    public int MaxHp = 10;
    //人物当前血量
    public int Hp = 10;
    //攻击力
    public int Attack = 3;

    void Awake()
    {
        //单例
        Instance = this;
    }
}
```

> **技巧提示** 接下来创建一个主角状态脚本，在这个脚本中将添加一个后摇属性。在动作游戏中连续技能之所以看起来非常流畅，是因为可以取消后摇。那么，什么是后摇呢？通常情况下，角色在播放完某个动画之后会有一个较长的结束动画时间。举个例子，角色进行一次挥拳攻击动作时，这个动画会被分为3个阶段。
>
> ①挥拳到前方。
> ②保持拳头在前方，并计算是否命中敌人。
> ③收回拳头。
>
> 在这里，后摇指的是③处的动画，也就是收回拳头的动画。这段动画的存在是为了当单独播放这个动画时，使其具有完整的播放流程，从而使角色看起来更加真实。如果角色攻击动画只有这一个动作，那么这样做是没有问题的；如果要做连击，当这个动画播放完成后会紧接着播放第2个踢腿的动画，那么这个后摇就会显得非常碍事，十分影响整体动作的流畅性。
>
> 想象一下在现实生活中，如果进行一次挥拳攻击，那么和这3个阶段一样，可能在拳头挥出后还没有完全收回拳头时，就已经开始进行踢腿动作了，这样才能最流畅地衔接这两个动作。游戏中也是一样，为了模拟真实连续动作的流畅性，就会取消上述③处的内容，直接播放下一个动作的动画，这就是取消后摇。取消后摇可以使动作变得非常流畅。

02 创建状态基类。在"项目"面板中创建一个"C#脚本"，并重命名为StateBase。双击打开脚本，编写代码。

```csharp
using UnityEngine;
//使用与防守项目相同的有限状态机
public class StateBase : MonoBehaviour
{
    //当前的状态
    public static StateBase state;
    //动画控制器
    protected Animator animator;
    //刚体
    protected Rigidbody rbody;
    //是否会自动结束状态
    protected bool autoFinish = false;
    //多长时间后自动结束当前状态，-1不结束
    protected float finishTime = 0;
    //多长时间后可以切换下个状态,后摇
    protected float changeTime = 0;
    //玩家控制器
```

```csharp
protected PlayerControl player;

//状态初始化
void Awake()
{
    //获取角色身上的动画控制器与导航代理
    animator = GetComponentInChildren<Animator>();
    rbody = GetComponent<Rigidbody>();
    player = GetComponent<PlayerControl>();
}

//切换状态
public void ChangeState<T>() where T: StateBase
{
    //获取要切换的状态
    state = GetComponent<T>();
    //关闭当前状态
    this.enabled = false;
    //开启新状态
    state.enabled = true;
}

protected virtual void Update()
{
    //自动结束状态的倒计时
    finishTime -= Time.deltaTime;
    //进入后摇阶段的倒计时
    changeTime -= Time.deltaTime;
}
}
```

8.2 武器设置

小萌：飞羽老师，我提前把武器添加成了玩家的子物体，但是位置总是不对。

当然啦，从逻辑上来看，武器也是需要装备到玩家手上的，所以你要做的是把武器添加为手部的子物体。当然，还有别的方法装备武器，这次就来使用这个简单的方法，将武器放到玩家的手上吧！
飞羽

8.2.1 装备武器

本小节来为主角装备一件武器。在为主角装备一件武器前，需要做好两个准备，一是准备好武器的模型，二是找到武器要装备的位置。

01 在"项目"面板中选中ExplosiveLLC/RPG Character Mecanim Animation Pack FREE/Models/Weapons/2Hand-Sword文件,可以看到该模型是一把宝剑,如图8-23所示。

02 既然这是一把宝剑,就一定需要拿在主角手上,这里准备放在主角的右手上。如果不会找主角的右手,这里推荐一个简单的方法。在"项目"面板中找到并选中主角的模型,也就是Picola/PicoChan/Models/pico_chan_chr_pico_00模型,然后在"检查器"面板中,切换到Rig面板,单击"配置"按钮 配置... ,如图8-24所示。在新打开的面板中就可以看到模型的各个部位对应的节点,如图8-25所示。

03 找到右手,也就是"右臂"下的Hand节点,单击该节点,"层级"面板中会自动展开该节点的路径。这里可以看到模型手部的路径为pico_chan_chr_pico_00(Clone)/root/Hips/Spine/Spine01/Spine02/RightShoulder/RightArm/RightForeArm/RightHand,如图8-26所示。

图8-23

图8-24
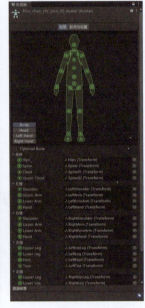
图8-25

图8-26

04 返回游戏场景,将上面的宝剑模型添加为RightHand(右手)的子物体,如图8-27所示。在"检查器"面板中设置宝剑的参数,如图8-28所示。

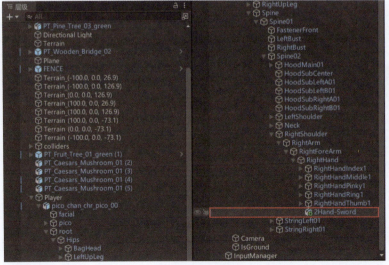
图8-27
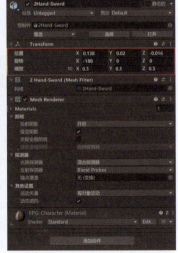
图8-28

05 这时在场景中可以看到主角的右手已经握住了宝剑。如果觉得位置不合适，可以按自己的需求再次调节参数，如图8-29所示。

图8-29

8.2.2 武器拖尾

为了体现武器挥舞的路径和提升视觉效果，很多游戏都会为武器添加拖尾效果，这里也为武器增加一个拖尾效果。实现拖尾效果有两种方式，一种是使用Unity提供的"拖尾渲染器"，只需要在"层级"面板单击"加号"按钮，选择"效果"中的"拖尾"，就可以创建一个拖尾对象，将其作为武器的子物体并进行设置即可使用；另一种是在商城中选择第三方拖尾效果来使用，这里就使用一个第三方拖尾效果。

01 执行"窗口>资产商店"菜单命令，在资产商店中下载并导入Melee Weapon Trail，如图8-30所示。为了保证制作案例时使用的资源版本与本书一致，读者可以直接从本书提供的资源中导入该资源。

02 在"层级"面板中创建一个空游戏物体，并将其作为角色武器的子物体，也就是2Hand-Sword的子物体，如图8-31所示。

图8-30

图8-31

03 选中该物体，为其添加一个Melee Weapon Trail组件，并设置一些参数，包括物体的"位置"、拖尾的"材质"与"颜色"，以及"基础"和Tip节点等。完整设置如图8-32所示。

04 这时只要角色发生移动，武器就会产生拖尾效果，提前预览一下角色跑步时的拖尾效果，如图8-33所示。

图8-32

图8-33

8.3 动作状态

 小萌：这个基类内容好多啊，感觉比起第1个项目使用的状态基类要复杂一些。

是的，但是这样是为了方便地实现更多的功能，等做完全部状态后，你就发现这样做是多么省事。另外，在你平时自己做项目的时候，也需要根据自己的情况来动态修改这个脚本，让脚本更适合自己的游戏。 飞羽

8.3.1 角色站立

在编写角色状态前，要想清楚初步为角色做多少种状态，这里总结一下，角色状态包括站立、移动、死亡、受攻击、跳跃、轻功、交互、轻攻击一段、轻攻击二段、轻攻击三段、重攻击，一共11种状态。下面先将对应的脚本创建完成并挂载到角色身上。

01 在"项目"面板中创建11个"C#脚本"，并重命名为IdleState、RunState、DieState、DamageState、JumpState、FlyState、InteractiveState、Attack1State、Attack2State、Attack3State、Attack4State。修改这些脚本的父类为StateBase，然后将它们挂载到"检查器"面板中的Player玩家身上，取消激活站立以外的其他脚本，如图8-34所示。

图8-34

02 编写站立的逻辑。站立的逻辑非常简单，即不做任何操作，只需要监听到合适的时机时切换到攻击、交互、移动、跳跃状态就可以了。双击打开**IdleState**脚本，编写代码。

```csharp
using System.Collections;
using System.Collections.Generic;
using UnityEngine;

public class IdleState : StateBase
{

    protected override void Update()
    {
        base.Update();
//按下轻攻击按键
        if (InputManager.Instance.Attack1)
        {
//切换到轻攻击1
            ChangeState<Attack1State>();
        }
//按下重攻击按键
        if (InputManager.Instance.Attack2)
        {
//切换到重攻击
            ChangeState<Attack4State>();
        }
//按下交互按键
        if (InputManager.Instance.Interactive)
        {
//切换到交互状态
            ChangeState<InteractiveState>();
        }
//按下跳跃键
        if (InputManager.Instance.Jump)
        {
//切换到跳跃状态
            ChangeState<JumpState>();
        }
//按下移动键
        if (InputManager.Instance.Move != Vector2.zero)
        {
//切换到移动状态
            ChangeState<RunState>();
        }
    }
}
```

03 运行游戏，可以看到主角处于正常的站立状态，如图8-35所示。

图8-35

8.3.2 角色移动

下面编写主角移动的逻辑。移动的逻辑需要播放跑步动画，并且按照获得的摇杆和按键向量来进行移动，最后监听到合适的时机切换到跳跃、站立、交互、其他攻击状态就可以了。

01 双击打开RunState脚本，编写代码。

```
using System;
using System.Collections;
using System.Collections.Generic;
using UnityEngine;

public class RunState : StateBase
{
    //进入跑步状态
    private void OnEnable()
    {
        //播放跑步动画
        animator.SetBool("Run", true);
    }

    //离开跑步状态
    private void OnDisable()
    {
        //结束跑步动画
        animator.SetBool("Run", false);
    }

    protected override void Update()
```

```csharp
{
    base.Update();
    //按下攻击键
    if (InputManager.Instance.Attack1)
    {
        //切换到攻击状态
        ChangeState<Attack1State>();
    }
    //按下重攻击键
    if (InputManager.Instance.Attack2)
    {
        //切换到重攻击状态
        ChangeState<Attack4State>();
    }
    //按下交互键
    if (InputManager.Instance.Interactive)
    {
        //切换到交互状态
        ChangeState<InteractiveState>();
    }
    //按下跳跃键
    if (InputManager.Instance.Jump)
    {
        //切换到跳跃状态
        ChangeState<JumpState>();
    }
    //松开移动键
    if (InputManager.Instance.Move == Vector2.zero)
    {
        //切换到站立状态
        ChangeState<IdleState>();
    }
    else
    {
        //获得摇杆向量
        var dir = Quaternion.LookRotation(GetComponentInChildren<Camera>().transform.forward) * new Vector3(InputManager.Instance.Move.x, 0, InputManager.Instance.Move.y).normalized;
        //让角色朝向摇杆向量
        GetComponentInChildren<Animator>().transform.rotation = Quaternion.LookRotation(dir);
        //向摇杆方向移动
        transform.position += dir * 5 * Time.deltaTime;
    }
}
}
```

02 运行游戏，可以看到可能会有报错，如图8-36所示。

图8-36

03 这是因为动画中包含的一些动画事件没有实现，直接忽略该错误或者去对应的动画中删除这些动画事件即可。如果要删除，需要找到动画，并在"检查器"面板中删除事件时间轴上的"标签"，如图8-37所示。

04 按W键、A键、S键、D键或手柄的左摇杆，可以看到角色可以正常移动了，如图8-38所示。

图8-37

图8-38

8.3.3 角色跳跃

下面编写主角跳跃的逻辑。进入跳跃状态时需要播放跳跃动画，然后设置为自动结束该状态，也就是一段时间后会自动恢复为站立状态，而且同样要监听按键和摇杆向量来进行空中移动，最后监听到合适的时候切换到站立状态和轻功状态就可以了。

01 双击打开JumpState脚本，编写代码。

```
using System;
using System.Collections;
using System.Collections.Generic;
using UnityEngine;

public class JumpState : StateBase
{
    private void OnEnable()
    {
        //设置结束时间，一般根据动画播放时间来设置该项
        finishTime = 0.6f;
        //设置自动结束该状态
        autoFinish = true;
```

```csharp
        //播放跳跃动画
        animator.SetBool("Jump", true);
        //给主角一个跳跃力
        rbody.AddForce(Vector3.up * 200);
    }

    private void OnDisable()
    {
        //停止播放跳跃动画
        animator.SetBool("Jump", false);
    }

    // 每帧调用一次Update
    protected override void Update()
    {
        base.Update();
        //如果倒计时到达
        if (finishTime <= 0)
        {
            //切换到站立状态
            ChangeState<IdleState>();
        }

        //允许在起跳后，再次按下跳跃按钮施展轻功
        if (finishTime > 0.2f && InputManager.Instance.Jump)
        {
            //切换到轻功状态
            ChangeState<FlyState>();
        }

        //允许在跳跃中移动
        if (InputManager.Instance.Move != Vector2.zero)
        {
            //获得摇杆向量
            var dir = Quaternion.LookRotation(GetComponentInChildren<Camera>().transform.forward) * new Vector3(InputManager.Instance.Move.x, 0, InputManager.Instance.Move.y).normalized;
            //让角色朝向摇杆向量
            GetComponentInChildren<Animator>().transform.rotation = Quaternion.LookRotation(dir);
            //向摇杆方向移动
            transform.position += dir * 3 * Time.deltaTime;
        }
    }
}
```

02 编写完成后，运行游戏，按跳跃相关联的按键，可以看到角色会跳跃起来，效果如图8-39所示。

图8-39

8.3.4 轻功与翅膀

在游戏中，当角色施展轻功时，通常会围绕身体产生各种粒子效果或翅膀特效，以展示主角轻功的高强。笔者同样希望在角色施展轻功时其身后出现一对翅膀特效，因此首先需要获得一个翅膀特效。

01 执行"窗口>资产商店"菜单命令，在资产商店中下载并导入Fire Wing，如图8-40所示。为了保证制作案例时使用的资源版本与本书一致，读者可以直接从本书提供的资源中导入该资源。

02 在"项目"面板中找到FireWing/Prefabs/FireWing翅膀预设体，将其拖曳为"层级"面板中Player/pico_chan_chr_pico_00的子物体，如图8-41所示。

03 选中该物体，在"检查器"面板中设置参数，如图8-42所示。

图8-40

图8-41   图8-42

04 在游戏窗口已经可以看到主角拥有了一对翅膀，如图8-43所示。但是默认情况下翅膀应该是不显示的，所以需要取消激活该物体，如图8-44所示。

图8-43

图8-44

05 下面编写主角轻功的逻辑。需要在开始轻功时减少主角质量，让主角"轻"起来，然后给一个向上的力并播放轻功动画，接着显示出翅膀特效，这样就可以营造施展轻功的效果，然后当主角接触地面时结束轻功状态即可。双击打开FlyState脚本，编写代码。

```csharp
using System;
using System.Collections;
using System.Collections.Generic;
using UnityEngine;

public class FlyState : StateBase
{
    private IsGroundControl isGround;
    private void OnEnable()
    {
        //轻功也使用跳跃动画，你也可以找一个轻功或飞翔的动画效果会更好
        animator.SetBool("Jump", true);
        //设置减少刚体质量，人就会"轻"了
        rbody.mass = 0.3f;
        //给一个向上的力
        rbody.AddForce(Vector3.up * 200);
        //获取判断是否接触地面的脚本
        isGround = GetComponentInChildren<IsGroundControl>();
        //激活翅膀显示
        animator.transform.Find("FireWing").gameObject.SetActive(true);
    }

    private void OnDisable()
    {
        //停止跳跃动画
        animator.SetBool("Jump", false);
        //恢复刚体质量
        rbody.mass = 1;
        //取消翅膀显示
        animator.transform.Find("FireWing").gameObject.SetActive(false);
    }

    protected override void Update()
    {
        base.Update();
        //如果碰到地面
        if (isGround.IsGround)
        {
            //切换到站立状态
            ChangeState<IdleState>();
        }

        //允许在跳跃中移动
```

```
        if (InputManager.Instance.Move != Vector2.zero)
        {
            //获得摇杆向量
            var dir = Quaternion.LookRotation(GetComponentInChildren<Camera>().transform.forward) * new Vector3(InputManager.Instance.Move.x, 0, InputManager.Instance.Move.y).normalized;
            //让角色朝向摇杆向量
            GetComponentInChildren<Animator>().transform.rotation = Quaternion.LookRotation(dir);
            //向摇杆方向移动
            transform.position += dir * 4 * Time.deltaTime;
        }
    }
}
```

06 运行游戏，按Space键进行跳跃。在跳跃的过程中持续按Space键，可以看到主角会施展轻功，效果十分不错，如图8-45所示。

图8-45

技巧提示 有些游戏中会设置主角可以施展多段轻功，如果读者掌握了轻功的做法，就可以很容易地制作出在施展轻功的过程中再次施展轻功，即实现多段轻功的效果。

8.3.5 交互与交互物

交互是游戏中不可或缺的机制。当玩家靠近一个非玩家角色（NPC）时，可以通过按交互键（F键）与其对话；当玩家靠近木材时，可以通过按交互键（F键）进行伐木操作；当玩家站在门前并按交互键（F键）时，可以打开门。这些都是常见的游戏交互方式。下面来简单实现交互功能。

01 交互物有两部分内容，一部分是主角，是用来交互的；另一部分是被交互物，包括NPC、物体等内容。这里编写一个被交互物需要挂载的基类脚本，在之后如果要编写可交互物，只需继承该脚本即可。在"项目"面板中创建一个"C#脚本"，并重命名为InteractiveBase。双击打开脚本，编写代码。

```
using System.Collections;
using System.Collections.Generic;
using UnityEngine;

public class InteractiveBase : MonoBehaviour
{
    public virtual void Use()
    {
        Debug.Log("使用");
    }
}
```

02 双击打开InteractiveState脚本，编写代码。

```csharp
using System;
using System.Collections;
using System.Collections.Generic;
using UnityEngine;

public class InteractiveState : StateBase
{
    private void OnEnable()
    {
        //这个状态可以播放一个交互的动作，这里就不播放了，直接开始交互
        //简单获取周围2米内的物体
        var colliders = Physics.OverlapSphere(transform.position, 2);
        //遍历周围物体
        foreach (var collider in colliders)
        {
            //获取交互物
            InteractiveBase tmp = collider.GetComponent<InteractiveBase>();
            //如果物体身上有交互物组件
            if (tmp != null)
            {
                //使用该交互物
                tmp.Use();
                //结束循环
                break;
            }
        }

        //切换到站立状态
        ChangeState<IdleState>();
    }

    private void OnDisable()
    {
        //Debug.Log("结束交互");
    }
}
```

03 下面进行交互测试。读者可以选择性执行本步骤，因为只是验证一下交互的可用性。在"层级"面板中创建一个球体，然后在"项目"面板中创建一个"C#脚本"，并重命名为InteractiveTest，然后将其挂载到球体上。双击打开脚本，编写代码。

```csharp
using System.Collections;
using System.Collections.Generic;
using UnityEngine;

public class InteractiveTest : InteractiveBase
```

```
{
    public override void Use()
    {
        Debug.Log("测试成功");
    }
}
```

04 运行游戏，操作角色走到球体的周围，如图8-46所示。按F键，如果输出"测试成功"，就证明交互功能没有问题，如图8-47所示。测试成功后删除球体和测试脚本即可。

图8-46

图8-47

8.3.6 受击状态

在许多动作游戏中，当主角受到敌人攻击时，会中断当前动画并播放受攻击动画。这样的设计能增加游戏的真实感、操作性和可玩性。下面要为游戏添加一个受攻击状态。需要注意的是，受攻击状态有时会打断玩家当前的动作，从而使游戏失去流畅感。因此，在开发游戏时，需要根据游戏的特性具体考虑是否需要实现受攻击状态。

由于大多数状态（例如站立、移动、交互、攻击等状态）都可以被打断，并且在敌人攻击时主角都可能受到伤害，因此可以为状态基类添加一个受伤害的方法，以避免在每个状态中重复添加该方法。

 双击打开StateBase脚本，并新增代码。

```
using UnityEngine;

//使用与防守项目相同的有限状态机
public class StateBase : MonoBehaviour
{
    //当前的状态
    public static StateBase state;
    //动画控制器
    protected Animator animator;
    //刚体
    protected Rigidbody rbody;
    //是否会自动结束状态
    protected bool autoFinish = false;
    //多长时间后自动结束当前状态，-1不结束
    protected float finishTime = 0;
```

```csharp
//多长时间后可以切换下一个状态，后摇
protected float changeTime = 0;
//玩家控制器
protected PlayerControl player;
//是否允许受攻击
protected bool getHit = true;

//状态初始化
void Awake()
{
    //获取角色身上的动画控制器与导航代理
    animator = GetComponentInChildren<Animator>();
    rbody = GetComponent<Rigidbody>();
    player = GetComponent<PlayerControl>();
}

//切换状态
public void ChangeState<T>() where T: StateBase
{
    //获取要切换的状态
    state = GetComponent<T>();
    //关闭当前状态
    this.enabled = false;
    //开启新状态
    state.enabled = true;
}

//受到伤害
public void GetHit(int num)
{
    //如果该状态不支持受伤
    if (getHit == false)
    {
        //跳出状态处理
        return;
    }
    //玩家受到伤害
    player.Hp -= num;
    //如果血量小于等于0
    if (player.Hp <= 0)
    {
        //死亡，进入死亡状态
        ChangeState<DieState>();
    }
    else
```

```csharp
        //受伤害，进入受攻击状态
        ChangeState<DamageState>();
    }
}

protected virtual void Update()
{
    //自动结束状态的倒计时
    finishTime -= Time.deltaTime;
    //进入后摇阶段的倒计时
    changeTime -= Time.deltaTime;
}
}
```

02 让玩家角色支持受到伤害。双击打开PlayerControl脚本，并新增代码。

```csharp
using UnityEngine;

//这个脚本放在本章最后
public class PlayerControl : MonoBehaviour
{
    //单例
    public static PlayerControl Instance;
    //人物最大血量
    public int MaxHp = 10;
    //人物当前血量
    public int Hp = 10;
    //攻击力
    public int Attack = 3;

    void Awake()
    {
        //单例
        Instance = this;
    }

    //玩家受到伤害
    public void GetHit(int num)
    {
        //进入受攻击状态
        StateBase.state.GetHit(num);
    }
}
```

03 双击打开DamageState脚本，编写代码。

```csharp
using System;
using System.Collections;
```

```csharp
using System.Collections.Generic;
using UnityEngine;

public class DamageState : StateBase
{
    private void OnEnable()
    {
        //设置结束时间，一般根据动画播放时间来设置该项
        finishTime = 0.4f;
        //设置自动结束该状态
        autoFinish = true;
        //播放受到攻击动画
        animator.SetBool("GetHit", true);
    }

    private void OnDisable()
    {
        //停止播放受到攻击动画
        animator.SetBool("GetHit", false);
    }

    protected override void Update()
    {
        base.Update();
        //如果倒计时到达
        if (finishTime <= 0)
        {
            //切换到站立状态
            ChangeState<IdleState>();
        }
    }
}
```

04 这里可以做个测试。设置按攻击键就会受到伤害，双击打开Attack1State脚本，修改脚本。

```csharp
using System;
using System.Collections;
using System.Collections.Generic;
using UnityEngine;

public class Attack1State : StateBase
{
    private void OnEnable()
    {
        player.GetHit(3);
    }
}
```

05 运行游戏，当按攻击键时，可以看到主角进入了受攻击状态，如图8-48所示。

图8-48

8.3.7 死亡状态

死亡状态的实现比较简单，这里让角色进入死亡状态后，等待5秒钟，5秒钟后角色原地复活。

01 双击DieState，编写代码。

```
using System;
using System.Collections;
using System.Collections.Generic;
using UnityEngine;

public class DieState : StateBase
{
    private void OnEnable()
    {
        //设置结束时间
        finishTime = 5f;
        //设置自动结束该状态
        autoFinish = true;
        //播放死亡动画
        animator.SetBool("Die", true);
        //死亡后不会再受到攻击
        getHit = false;
    }

    private void OnDisable()
    {
        //恢复血量
        player.Hp = player.MaxHp;
        //停止死亡动画
        animator.SetBool("Die", false);
```

```
}

protected override void Update()
{
    base.Update();
    //如果倒计时到达
    if (finishTime <= 0)
    {
        //切换到站立状态
        ChangeState<IdleState>();
    }
}
}
```

02 当主角的血量小于或等于0时，就会进入死亡状态，如图8-49所示。

图8-49

8.3.8 重攻击

角色包含两种攻击方式：轻攻击与重攻击。因为轻攻击可以形成连续攻击，所以先做较为简单的重攻击。

01 创建敌人的脚本，在"项目"面板中创建一个"C#脚本"，并重命名为EnemyControl。双击打开该脚本，编写代码。

```
using System.Collections;
using System.Collections.Generic;
using UnityEngine;

public class EnemyControl : MonoBehaviour
{
    //血量
    public int hp = 10;

    //攻击玩家
    public void Hit()
```

```
    {
        Debug.Log("攻击");
    }

    //受到攻击
    public void GetHit(int num)
    {
        Debug.Log("受到攻击");
    }
}
```

02 双击打开Attack4State脚本，编写代码。

```
using System;
using System.Collections;
using System.Collections.Generic;
using UnityEngine;

public class Attack4State : StateBase
{
    //是否允许产生伤害
    private bool triggerHit;

    private void OnEnable()
    {
        //允许伤害
        triggerHit = true;
        //设置结束时间
        finishTime = 1.1f;
        //设置自动结束该状态
        autoFinish = true;
        //播放重攻击动画
        animator.SetBool("Attack4", true);
    }

    private void OnDisable()
    {
        //停止重攻击动画
        animator.SetBool("Attack4", false);
    }

    //触发伤害
    private void Hit()
    {
```

```csharp
    //获取周围物体
    Collider[] colliders = Physics.OverlapSphere(player.transform.position, 2);
    //筛选敌人
    foreach (var collider in colliders)
    {
        //获取敌人脚本
        EnemyControl enemy = collider.GetComponent<EnemyControl>();
        //如果不为空，就证明是敌人
        if (enemy != null)
        {
            //获取敌人向量
            Vector3 dir = enemy.transform.position - player.transform.position;
            //获得敌人和玩家的角度
            float angle = Vector3.Angle(player.transform.forward, dir) * 2;
            //如果在前方90度攻击范围
            if (angle > 90)
            {
                //敌人受到伤害
                enemy.GetHit(player.Attack * 3);
            }
        }
    }
}

protected override void Update()
{
    base.Update();
    //播放动画并延迟触发伤害
    if (finishTime < 0.4f && triggerHit == true)
    {
        //触发伤害
        triggerHit = false;
        Hit();
    }
    //如果倒计时到达
    if (finishTime <= 0)
    {
        //切换到站立状态
        ChangeState<IdleState>();
    }
  }
}
```

03 对重攻击进行功能测试。读者可以选择性操作，笔者只是验证一下重攻击的可用性。在"层级"面板中创建一个球体，然后挂载编写的EnemyControl脚本，运行游戏，对球体使用重攻击，如图8-50所示。这里测试了3次，可以看到输出了3次攻击结果，如图8-51所示。

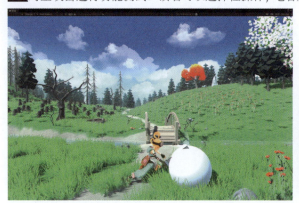

图8-50

图8-51

8.3.9 连续攻击一段

下面编写轻攻击。轻攻击默认情况下为连续攻击一段，在施展该攻击期间再次按轻攻击键就会施展轻击二段。逻辑与重攻击基本类似，但多了后摇的设置。

01 双击打开Attack1State脚本，编写代码。

```
using System;
using System.Collections;
using System.Collections.Generic;
using UnityEngine;

public class Attack1State : StateBase
{
    //是否允许产生伤害
    private bool triggerHit;

    private void OnEnable()
    {
        //允许伤害
        triggerHit = true;
        //设置结束时间
        finishTime = 1f;
        //设置后摇时间
        changeTime = 0.6f;
        //设置自动结束该状态
        autoFinish = true;
        //播放重攻击动画
        animator.SetBool("Attack1", true);
    }

    private void OnDisable()
```

```csharp
        {
            //停止重攻击动画
            animator.SetBool("Attack1", false);
        }

        //触发伤害
        private void Hit()
        {
            //获取周围物体
            Collider[] colliders = Physics.OverlapSphere(player.transform.position, 2);
            //筛选敌人
            foreach (var collider in colliders)
            {
                //获取敌人脚本
                EnemyControl enemy = collider.GetComponent<EnemyControl>();
                //如果不为空，证明是敌人
                if (enemy != null)
                {
                    //获取敌人向量
                    Vector3 dir = enemy.transform.position - player.transform.position;
                    //获得敌人和玩家的角度
                    float angle = Vector3.Angle(player.transform.forward, dir) * 2;
                    //如果在前方90度攻击范围
                    if (angle > 90)
                    {
                        //敌人受到伤害
                        enemy.GetHit(player.Attack);
                    }
                }
            }
        }

        protected override void Update()
        {
            base.Update();
            //播放动画并延迟触发伤害
            if (finishTime < 0.4f && triggerHit == true)
            {
                //触发伤害
                triggerHit = false;
                Hit();
            }
            //如果倒计时到达
            if (finishTime <= 0)
            {
```

```
        //切换到站立状态
        ChangeState<IdleState>();
    }
    //如果后摇可取消，并再次按下攻击键
    if (changeTime <= 0 && InputManager.Instance.Attack1)
    {
        //进行2次攻击
        ChangeState<Attack2State>();
    }
}
```

02 运行游戏，进行攻击测试，如图8-52所示。这里攻击了一次敌人，通过输出结果可以看到正确地攻击到了敌人，如图8-53所示。

图8-52

图8-53

8.3.10 连续攻击二段

下面编写连续攻击二段。连续攻击二段不能单独施展，只能在施展连续攻击一段期间按攻击键才可施展，在施展连续攻击二段期间再次按轻攻击就会施展轻攻击三段。

01 双击打开Attack2State脚本，编写代码。

```
using System;
using System.Collections;
using System.Collections.Generic;
using UnityEngine;

public class Attack2State : StateBase
{
    //是否允许产生伤害
    private bool triggerHit;

    private void OnEnable()
    {
        //允许伤害
        triggerHit = true;
```

```csharp
    //设置结束时间
    finishTime = 1f;
    //设置后摇时间
    changeTime = 0.6f;
    //设置自动结束该状态
    autoFinish = true;
    //播放重攻击动画
    animator.SetBool("Attack2", true);
}

private void OnDisable()
{
    //停止重攻击动画
    animator.SetBool("Attack2", false);
}

//触发伤害
private void Hit()
{
    //获取周围物体
    Collider[] colliders = Physics.OverlapSphere(player.transform.position, 2);
    //筛选敌人
    foreach (var collider in colliders)
    {
        //获取敌人脚本
        EnemyControl enemy = collider.GetComponent<EnemyControl>();
        //如果不为空，就证明是敌人
        if (enemy != null)
        {
            //获取敌人向量
            Vector3 dir = enemy.transform.position - player.transform.position;
            //获得敌人和玩家的角度
            float angle = Vector3.Angle(player.transform.forward, dir) * 2;
            //如果在前方90度攻击范围
            if (angle > 90)
            {
                //敌人受到伤害
                enemy.GetHit(player.Attack * 2);
            }
        }
    }
}

protected override void Update()
{
```

```
        base.Update();
        //播放动画并延迟触发伤害
        if (finishTime < 0.4f && triggerHit == true)
        {
            //触发伤害
            triggerHit = false;
            Hit();
        }
        //如果倒计时到达
        if (finishTime <= 0)
        {
            //切换到站立状态
            ChangeState<IdleState>();
        }
        //如果后摇可取消，并再次按下攻击键
        if (changeTime <= 0 && InputManager.Instance.Attack1)
        {
            //进行2次攻击
            ChangeState<Attack3State>();
        }
    }
}
```

02 运行游戏，按两次攻击键，即可进行连续攻击，如图8-54和图8-55所示。这里施展了一次二连击，敌人受到了两次伤害，如图8-56所示。

图8-54　　　　　　　　　图8-55

图8-56

8.3.11 连续攻击三段

第3段攻击也是最后一段攻击，所以这里设置不可取消后摇。

01 双击打开Attack3State脚本，编写代码。

```
using System;
using System.Collections;
using System.Collections.Generic;
```

```csharp
using UnityEngine;

public class Attack3State : StateBase
{
    //是否允许产生伤害
    private bool triggerHit;

    private void OnEnable()
    {
        //允许伤害
        triggerHit = true;
        //设置结束时间
        finishTime = 1f;
        //设置自动结束该状态
        autoFinish = true;
        //播放重攻击动画
        animator.SetBool("Attack3", true);
    }

    private void OnDisable()
    {
        //停止重攻击动画
        animator.SetBool("Attack3", false);
    }

    //触发伤害
    private void Hit()
    {
        //获取周围物体
        Collider[] colliders = Physics.OverlapSphere(player.transform.position, 2);
        //筛选敌人
        foreach (var collider in colliders)
        {
            //获取敌人脚本
            EnemyControl enemy = collider.GetComponent<EnemyControl>();
            //如果不为空，就证明是敌人
            if (enemy != null)
            {
                //获取敌人向量
                Vector3 dir = enemy.transform.position - player.transform.position;
                //获得敌人和玩家角度
                float angle = Vector3.Angle(player.transform.forward, dir) * 2;
                //如果在前方90度攻击范围
```

```
            if (angle > 90)
            {
                //敌人受到伤害
                enemy.GetHit(player.Attack * 2);
            }
        }
    }
}

protected override void Update()
{
    base.Update();
    //播放动画并延迟触发伤害
    if (finishTime < 0.4f && triggerHit == true)
    {
        //触发伤害
        triggerHit = false;
        Hit();
    }
    //如果倒计时到达
    if (finishTime <= 0)
    {
        //切换到站立状态
        ChangeState<IdleState>();
    }
}
```

02 测试一下。为了更好地查看效果，这里将测试球体换成了后面会导入的敌人，实际操作过程中读者可以使用球体进行测试。运行游戏，连续按3次攻击键，可以看到效果非常不错，大致连击效果如图8-57所示。

图8-57

第9章 游戏界面

本章将介绍游戏相关界面的制作,包括启动页面、进度加载、跳转场景、技能按钮、血条、漂浮文字和对话框等内容。

9.1 启动与加载

 飞羽老师,学习完上一章后,我用同样的制作方法添加了新的攻击动画和轻功动画,感觉现在游戏好酷啊,没想到我也能做出这样的游戏!接下来该制作敌人和NPC了吧?

哈哈,别急,主角的游戏逻辑已经制作完成了,接下来就缓一下,集中制作一下游戏UI界面。

9.1.1 启动场景

01 导入UI界面需要使用的纹理资源。执行"窗口>资产商店"菜单命令,在资产商店中下载并导入2D Casual UI HD,如图9-1所示。为了保证制作案例时使用的资源版本与本书一致,读者可以直接从本书提供的资源中导入该资源。

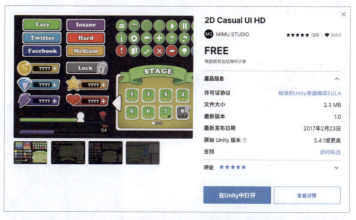

图9-1

02 这里制作一个新的场景用来显示启动界面。当游戏中使用了多场景后,就需要将所有的场景添加到Build列表中。执行"文件>生成设置"菜单命令,打开Build Settings面板,如图9-2所示。

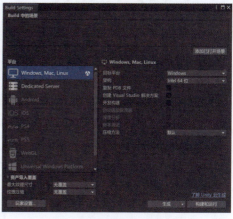

图9-2

03 目前"Build中的场景"列表为空，尝试将当前游戏场景添加进来，单击面板中的"添加已打开场景"按钮 添加已打开场景 即可，如图9-3所示。

04 接下来创建新的游戏场景作为启动界面的场景。在"项目"面板中单击"加号"按钮➕，选择"场景"，创建一个场景，并重命名为StartScene，同时双击打开该场景。执行"文件>生成设置"菜单命令，打开Build Settings面板，单击面板中的"添加已打开场景"按钮 添加已打开场景，将该场景添加到Build列表中，并将该场景移动到游戏场景的上方，如图9-4所示。至此，游戏场景设置完成。

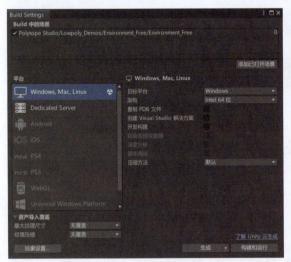
图9-3

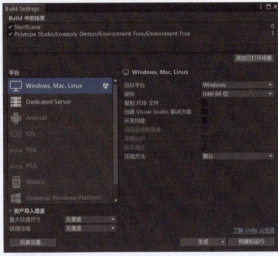
图9-4

9.1.2 启动界面

01 为了给游戏启动界面设置一个图像，可以对游戏运行的界面进行截图，再将截图文件导入到"项目"面板中，并设置截图纹理类型为Sprite（2D和UI），如图9-5所示。

02 制作启动界面。在"层级"面板中单击"加号"按钮➕，选择UI中的"图像"，创建一个图像控件，并重命名为BgImage，设置图像控件的源图像为前面的截图图像，然后设置各参数，如图9-6所示。

图9-5　　　　　　　　图9-6

03 在"层级"面板选中创建的BgImage图像控件,然后使用鼠标右键单击该控件,执行"UI>旧版>文本"菜单命令,创建一个文本控件,并重命名为Title。设置其文本为游戏名称"星羽世界",并设置合适的字体、大小与颜色,将其放在喜欢的位置,如图9-7所示。

图9-7

04 依然在"层级"面板选中创建的BgImage图像控件,然后使用鼠标右键单击该控件,执行"UI>旧版>按钮"菜单命令,创建一个按钮控件,并重命名为StartButton。设置按钮文本为"开始游戏",按钮背景图像为"项目"面板中的2D Casual UI/Sprite/GUI/GUI_18。设置好合适的文本大小与控件大小,效果如图9-8所示。

05 按同样的方法添加一个退出游戏的按钮,将按钮控件重命名为QuitButton,如图9-9所示。

图9-8　　　　　　　　　　　　　　　　图9-9

06 现在的效果是好看的,但与商业游戏还有差距。好的游戏要配合好的设计,所以如果读者想做独立游戏,但自身不懂设计,又想要增加设计感,那么除了使用各种图像素材外,也可以尝试更改字体样式。合适的字体会提高设计感,如图9-10和图9-11所示。

图9-10　　　　　　　　　　　　　　　　图9-11

07 在"项目"面板中创建一个"C#脚本",并重命名为StartControl,然后将其挂载到Canvas物体上。双击打开脚本,编写代码。

```csharp
using System.Collections;
using System.Collections.Generic;
using UnityEngine;
using UnityEngine.UI;

public class StartControl : MonoBehaviour
{
    //关联BgImage控件
    public Image BgImage;
    //关联开始游戏按钮
    public Button StartButton;
    //关联退出游戏按钮
    public Button QuitButton;

    void Start()
    {
        //添加开始游戏事件
        StartButton.onClick.AddListener(StartGame);
        //添加退出游戏事件
        QuitButton.onClick.AddListener(QuitGame);
    }

    //开始游戏
    void StartGame()
    {
        //隐藏当前界面
        BgImage.gameObject.SetActive(false);
    }

    //退出游戏
    void QuitGame()
    {
        //退出游戏,打包游戏运行后可以看到效果
        Application.Quit();
    }
}
```

08 运行游戏,当单击"开始游戏"按钮后,可以看到UI界面消失,如图9-12所示。

图9-12

9.1.3 异步加载游戏

01 在"层级"面板中选中Canvas控件,使用鼠标右键单击该控件,执行"UI>图像"菜单命令,创建一个图像控件,重命名为LoadImage。这里让加载页面显示为黑屏,参数设置如图9-13所示。

02 在"层级"面板中选中新创建的LoadImage控件,使用鼠标右键单击该控件,执行"UI>滑动条"菜单命令,创建一个滑动条控件,并重命名为Progress,将其放在屏幕下方合适的位置,如图9-14所示。

图9-13

图9-14

03 可以看到滑动条已经出现,但是为了更美观一些,可为其设置一些图像素材。在"层级"面板中选中Canvas/LoadImageProgress/Handle Slide Area/Handle,可以看到该控件是一个图像控件,也就是前图9-14中的圆形按钮,这里为其设置素材为"项目"面板中的2D Casual UI/Sprite/GUI/GUI_26,并设置合适的宽度,如图9-15所示。

图9-15

04 同样,"层级"面板中的Canvas/LoadImage/Progress/Fill Area/Fill和Canvas/LoadImage/Progress/Background两个控件就是滑动条的前景和背景的图像控件,这里也可以将其设置为喜欢的颜色或图像。这里将其设置为"项目"面板中的2D Casual UI/Sprite/GUI/GUI_12图像,如图9-16所示。

图9-16

05 如果有兴趣,可以为界面添加一些图像或文字提示,表示正在加载,如图9-17所示。

06 修改"层级"面板中的层级关系,让开始界面显示在加载界面的上方,如图9-18所示。

图9-17

图9-18

07 双击打开StartControl脚本,修改代码。

using System.Collections;
using System.Collections.Generic;
using UnityEngine;
using UnityEngine.UI;
using UnityEngine.SceneManagement;

public class StartControl : MonoBehaviour
{
　　//关联BgImage控件
　　public Image BgImage;
　　//关联开始游戏按钮
　　public Button StartButton;
　　//关联退出游戏按钮
　　public Button QuitButton;
　　//关联加载进度条
　　public Slider Progress;

　　void Start()
　　{
　　　　//添加开始游戏事件
　　　　StartButton.onClick.AddListener(StartGame);
　　　　//添加退出游戏事件

```
        QuitButton.onClick.AddListener(QuitGame);
    }

    //开始游戏
    void StartGame()
    {
        //隐藏当前界面
        BgImage.gameObject.SetActive(false);
        //开始加载并切换第二个游戏场景
        StartCoroutine(LoadScene());
    }

    //异步加载游戏场景
    IEnumerator LoadScene()
    {
        //异步加载场景
        AsyncOperation operation = SceneManager.LoadSceneAsync(1);
        while (!operation.isDone)
        {
            //加载过程中更新进度条
            Progress.value = operation.progress;
            yield return null;
        }
    }

    //退出游戏
    void QuitGame()
    {
        //退出游戏，打包游戏运行后可以看到效果
        Application.Quit();
    }
}
```

08 运行游戏，单击"开始游戏"按钮，如图9-19所示。可以看到进度条的加载进度，如图9-20所示。加载完成后，就会自动进入游戏场景了，如图9-21所示。

图9-19

图9-20

图9-21

9.2 角色界面

> 哇，加上启动界面后，感觉游戏更完整了！

> 哈哈，完整倒说不上，但是优秀的游戏启动界面确实会为游戏加分。注意，优秀的游戏启动界面不等于复杂的游戏界面，有些同学会在屏幕上放特别多的UI控件，看起来十分烦琐，这就没什么必要了。

9.2.1 角色功能

前面已经大致完成了角色的各个功能逻辑，但在游戏界面中并没有向玩家提供执行功能后的反馈，这导致玩家无法确定角色的攻击、跳跃和交互等功能是否成功执行。因此，接下来需要为游戏角色的各个功能添加UI显示。

01 在"层级"面板中单击"加号"按钮，选择UI中的"面板"，创建一个UI面板，并重命名为ButtonPanel，将其缩放至屏幕右下角，如图9-22所示。

图9-22

02 在"层级"面板中使用鼠标右键单击创建的ButtonPanel，执行"UI>图像"菜单命令，创建一个图像，并重命名为LightAttackButton，设置图像资源为"项目"面板中的2D Casual UI/Sprite/GUI/GUI_53，如图9-23所示。

图9-23

03 因为该图像会用作背景,所以需要将其显示为黑色,我们将图像背景的颜色修改为黑色,如图9-24所示。

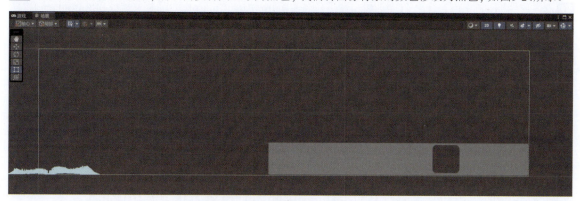

图9-24

04 在"层级"面板中使用鼠标右键单击刚创建的LightAttackButton,执行"UI>旧版>按钮"菜单命令,创建一个按钮,并重命名为Button。同样设置图像资源为"项目"面板中的2D Casual UI/Sprite/GUI/GUI_53,并设置按钮的文字为"轻攻击"。设置按钮的大小与LightAttackButton相同,使按钮完全覆盖刚才创建的背景图像,如图9-25所示。

图9-25

05 将按钮设置为"已填充"类型,这样就可以制作经典的技能计时器效果了,如图9-26所示。

06 使用同样的方法制作其他两个按钮,分别为交互按钮InteractiveButton与重攻击按钮HeavyAttackButton,将ButtonPanel的背景颜色设置为全透明,这样就会有比较不错的界面效果了,如图9-27所示。

图9-26　　　　　　　　　　　　　　　　图9-27

07 在"项目"面板中创建一个"C#脚本",并重命名为ButtonPanelControl,然后将其挂载到ButtonPanel物体上。双击打开脚本,编写代码。

```csharp
using System;
using System.Collections;
using System.Collections.Generic;
using UnityEngine;
using UnityEngine.UI;

public class ButtonPanelControl : MonoBehaviour
{
    //关联交互按钮的背景图像(注意关联的是InteractiveButton),当周围有交互物时,显示交互按钮即可
    public Image InteractiveImage;
    //关联轻攻击按钮(注意关联的是LightAttackButton的子物体Button)
    public Image LightAttackButton;
    //关联重攻击按钮(注意关联的是HeavyAttackButton的子物体Button)
    public Image HeavyAttackButton;
    //玩家角色
    private Transform player;

    private void Start()
    {
        //获取玩家角色
        player = GameObject.FindWithTag("Player").transform;
    }

    void Update()
    {
        //如果玩家按下了轻攻击按钮
        if (InputManager.Instance.Attack1)
        {
            //设置轻攻击图像为0填充
            LightAttackButton.fillAmount = 0;
        }
        //如果玩家按下了重攻击按钮
        if (InputManager.Instance.Attack2)
        {
            //设置重攻击图像为0填充
            HeavyAttackButton.fillAmount = 0;
        }
        //如果轻攻击填充不满,就将其填充满,做出加载效果
        if (LightAttackButton.fillAmount < 1)
        {
            //设置轻攻击cd为1秒
```

```csharp
            LightAttackButton.fillAmount += 1 * Time.deltaTime;
        }
        //如果重攻击填充不满，就将其填充满，做出加载效果
        if (HeavyAttackButton.fillAmount < 1)
        {
        //设置重攻击cd为1秒
            HeavyAttackButton.fillAmount += 1 * Time.deltaTime;
        }
        //获取玩家为中心周围半径2米内的物体
        var colliders = Physics.OverlapSphere(player.position, 2);
        //交互物个数
        int count = 0;
        //遍历物体有多少交互物
        foreach (var collider in colliders)
        {
            //获取交互物
            InteractiveBase tmp = collider.GetComponent<InteractiveBase>();
            //如果物体身上有交互物组件
            if (tmp != null)
            {
                //记录该交互物
                count++;
                //结束循环
                break;
            }
        }
        //判断如果交互物大于0，显示交互按钮，否则隐藏交互按钮，这样玩家就可以通过看交互按钮显示与否来得知当前是否可以进行交互了
        if (count > 0)
        {
            //周围有交互物，就显示交互提示按钮
            InteractiveImage.gameObject.SetActive(true);
        }
        else
        {
            //周围没有交互物，就隐藏交互提示按钮
            InteractiveImage.gameObject.SetActive(false);
        }
    }
}
```

08 进行功能测试。这里临时给史莱姆怪物添加交互脚本,也就是之前创建的InteractiveBase脚本,并保证史莱姆身上有碰撞组件。运行游戏后可以看到当离史莱姆较远时,交互按钮不会出现,如图9-28所示。当靠近史莱姆并进入可交互范围时,交互按钮就会出现了,如图9-29所示。当按轻攻击按钮时,轻攻击会进入CD状态(CD是冷却时间,是指释放一次技能到下一次使用这种技能的时间间隔),如图9-30所示。当按重攻击按钮时,重攻击会进入CD状态,如图9-31所示。

图9-28　　　　　　　　　　　图9-29

图9-30　　　　　　　　　　　图9-31

技巧提示　一旦完成这些功能按钮的制作,读者就可以根据需要为跳跃功能添加一个按钮,或者为不同的功能设置不同的冷却时间。

9.2.2 角色信息

01 创建玩家角色信息的界面。在"层级"面板中单击"加号"按钮➕,选择UI中的"面板",创建一个UI面板,并重命名为PlayerPanel,将其缩放至屏幕的左上角,如图9-32所示。

图9-32

02 在"层级"面板中使用鼠标右键单击刚创建的PlayerPanel,执行"UI>图像"菜单命令,创建一个图像并重命名为HeadImage,设置图像资源为角色头像的截图,如图9-33所示。

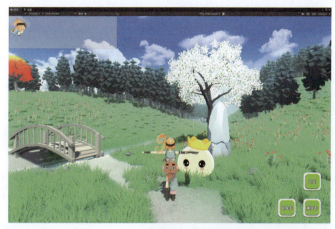

图9-33

03 下面做血量显示。在"层级"面板中使用鼠标右键单击刚创建的HeadImage,执行"UI>图像"菜单命令,创建一个图像,并重命名为hpStar,设置图像资源为"项目"面板中的2D Casual UI/Sprite/GUI/GUI_20,如图9-34所示。设置hpStar的填充类型为水平填充,如图9-35所示。

图9-34

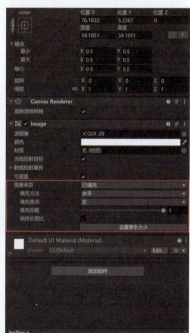

图9-35

04 按照同样的方法再制作4个红心,并且隐藏背景图像,效果如图9-36所示。

图9-36

05 在"项目"面板中创建一个"C#脚本",并重命名为PlayerPanelControl,然后将其挂载到HeadImage物体上。双击打开脚本,编写代码。

```csharp
using System.Collections;
using System.Collections.Generic;
using UnityEngine;
using UnityEngine.UI;

public class PlayerPanelControl : MonoBehaviour
{
    //设置单例,方便外面调用
    public static PlayerPanelControl Instance;
    //5个红心图像
    public Image[] hpImages;

    void Start()
    {
        //单例设置
        Instance = this;
    }

    //设置血量
    public void SetHp(int hp)
    {
        //清空现有血量显示
        foreach (var hpImage in hpImages)
        {
            hpImage.fillAmount = 0;
        }
        //做一个简单的血量限制
        //当设置的血量小于0
        if (hp < 0)
        {
            //纠正血量为0
            hp = 0;
        }
        //当设置的血量大于10
        if (hp > 10)
        {
            //纠正血量为10
            hp = 10;
        }
        //显示完整红心的个数
        int count = hp / 2;
        //显示半个红心的个数
        int half = hp % 2;
```

```csharp
        //遍历完整红心个数
        for (int i = 0; i < count; i++)
        {
            //显示完整红心
            hpImages[i].fillAmount = 1;
        }
        //如果有半个红心，显示半个红心
        if (half != 0)
        {
            //显示半个红心
            hpImages[count].fillAmount = 0.5f;
        }
    }
}
```

06 同时修改PlayerControl脚本的代码。

```csharp
using System;
using UnityEngine;

//这个脚本放在本章最后
public class PlayerControl : MonoBehaviour
{
    //单例
    public static PlayerControl Instance;
    //人物最大血量
    public int MaxHp = 10;
    //人物当前血量
    private int hp = 10;
    //人物当前血量属性
    public int Hp
    {
        set
        {
            hp = value;
            //做一个简单的数值限制
            //如果血量大于10
            if (hp > 10)
            {
                //血量设置为10
                hp = 10;
            }
            //如果血量小于0
            if (hp < 0)
            {
                //血量设置为0
```

```
        hp = 0;
      }
      //设置血量显示
      PlayerPanelControl.Instance.SetHp(hp);
    }
    get
    {
      return hp;
    }
  }
  //攻击力
  public int Attack = 3;

  void Awake()
  {
    //单例
    Instance = this;
  }

  //玩家受到伤害
  public void GetHit(int num)
  {
    //进入受攻击状态
    StateBase.state.GetHit(num);
  }
}
```

07 至此，血量显示就制作完成了。当血量变化时就会显示当前血量，如图9-37所示。

图9-37

9.3 漂浮文字

小萌：以前只会做血条样式，现在才知道原来这种血量是这么做的。

飞羽：嗯，很简单吧！很多功能其实比较好用，实现起来也简单。接下来要做的两个小功能也是既简单又实用的，一起来看看吧！

9.3.1 滚动公告

01 在"层级"面板中使用鼠标右键单击Canvas节点，执行"加号>UI>图像"菜单命令，创建一个图像，并重命名为ADPanel，将其缩放至屏幕的上方，然后将公告条的背景设置为喜欢的颜色，如图9-38所示。

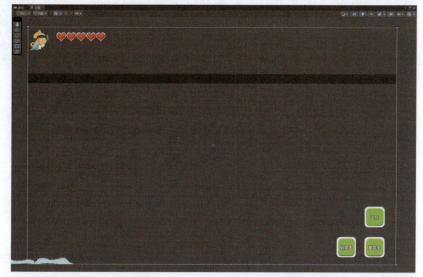

图9-38

02 在"层级"面板中使用鼠标右键单击刚创建的ADPanel，执行"UI>旧版>文本"菜单命令，创建一个子文本控件，并重命名为ADText。将它的颜色与字体大小设置为自己喜欢的样式，并设置锚点数值，如图9-39所示。场景界面的效果如图9-40所示。

图9-39　　　　　　　　　图9-40

03 我们希望的效果是在每个广告出现前,文本在屏幕右侧的外部,如图9-41所示。当广告完全滚动到屏幕左侧的外部时,这一次广告结束,如图9-42所示。在"项目"面板中创建一个"C#脚本",并重命名为 **ADPanelControl**,然后将其挂载到 **ADPanel** 物体上。双击打开脚本,编写代码。

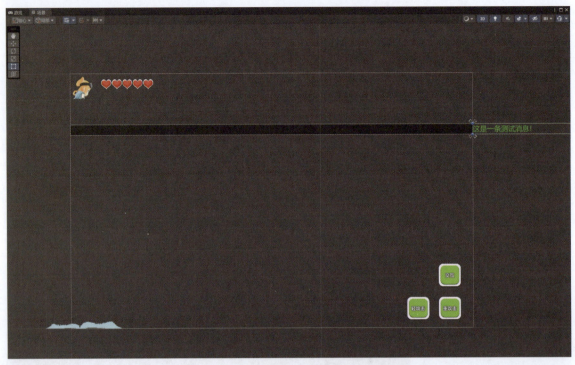

图9-41

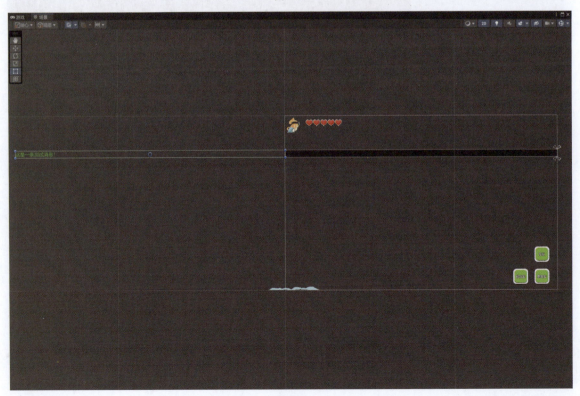

图9-42

```csharp
using System.Collections;
using System.Collections.Generic;
using UnityEngine;
using UnityEngine.UI;

public class ADPanelControl : MonoBehaviour
{
    //单例
    public static ADPanelControl Instance;
    //公告背景
    private Image ADPanel;
    //公告文本
    private Text ADText;
    //公告位置
    private RectTransform ADTransform;

    void Start()
    {
        //设置单例
        Instance = this;
        //获取公告背景
        ADPanel = GetComponent<Image>();
        //获取公告文本
        ADText = GetComponentInChildren<Text>();
        //获取公告位置
        ADTransform = ADText.GetComponent<RectTransform>();
        //默认隐藏
        ADPanel.enabled = false;
    }

    //显示一条公告
    public void ShowText(string str)
    {
        //设置文本内容
        ADText.text = str;
        //获得文本位置
        var pos = ADTransform.anchoredPosition;
        //这里的640为ADText在屏幕右侧外部时的位置X,如果你的数值不同,就填写你自己的数值
        pos.x = 640;
        //设置文本位置
        ADTransform.anchoredPosition = pos;
        //显示文本条
        ADPanel.enabled = true;
    }

    void Update()
```

```
{
    //如果公告条正在显示
    if (ADPanel.enabled)
    {
        //获得文本位置
        var pos = ADTransform.anchoredPosition;
        //让公告条向左侧滚动
        pos.x -= Time.deltaTime * 100;
        //设置文本位置
        ADTransform.anchoredPosition = pos;
        //如果超出屏幕左侧
        if (pos.x < -2000)
        {
            //隐藏公告条
            ADPanel.enabled = false;
        }
    }
}
```

04 调用ShowText()方法，游戏画面中会显示公告，如图9-43~图9-45所示。当公告显示完成后，公告条会被隐藏，如图9-46所示。

图9-43

图9-44

图9-45

图9-46

9.3.2 伤害漂浮文本

01 在"层级"面板中单击"加号"按钮，选择UI中"旧版"的"文本"，创建一个文本控件，并重命名为Text。在"检查器"面板中设置好漂浮字体的大小与颜色。参数设置如图9-47所示。

02 在"项目"面板中，单击"加号"按钮，选择"文件夹"，创建一个新的文件夹，并重命名为Resources。在"层级"面板中，选中新创建的文本控件，将其拖曳到"项目"面板中的Resources文件夹中，然后将"层级"面板中的文本控件删除。在"层级"面板中使用鼠标右键单击Canvas节点，执行"加号>UI>面板"菜单命令，创建一个面板，并重命名为TextPanel，取消勾选Image组件，如图9-48所示。

图9-47　　　　　　　　　图9-48

03 在"项目"面板中创建一个"C#脚本"，并重命名为TextPanelControl，然后将其挂载到TextPanel物体上。双击打开脚本，编写代码。

```
using System.Collections;
using System.Collections.Generic;
using UnityEngine;
using UnityEngine.UI;

public class TextPanelControl : MonoBehaviour
{
    //单例
    public static TextPanelControl Instance;
    //漂浮文本预制件
    private GameObject TextPre;
    //字典保存漂浮文本与漂浮时间
```

```csharp
        private Dictionary<RectTransform, float> Dic;
        //在列表中保存漂浮文本
        private List<RectTransform> RectList;


        void Start()
        {
            //单例
            Instance = this;
            //获取漂浮文本预制件
            TextPre = Resources.Load<GameObject>("Text");
            //初始化字典
            Dic = new Dictionary<RectTransform, float>();
            //初始化列表
            RectList = new List<RectTransform>();

        }

        //显示一个漂浮文本，这里的参数为3D坐标与显示文本内容
        public void Show(Vector3 pos, string content)
        {
            //将3D坐标转为屏幕坐标
            Vector2 point = Camera.main.WorldToScreenPoint(pos);
            //实例化一个漂浮文本物体
            GameObject obj = GameObject.Instantiate(TextPre, transform);
            //设置漂浮文本文字
            obj.GetComponent<Text>().text = content;
            //修改漂浮文本位置为上面计算的屏幕坐标
            RectTransform trans = obj.GetComponent<RectTransform>();
            trans.position = point;
            //将漂浮文本添加到字典中，并设置存活时间为1秒
            Dic.Add(trans, 1);
            //将漂浮文本添加到管理列表中
            RectList.Add(trans);
        }

        void Update()
        {
            //提前声明一个需要删除的漂浮文本，默认为空
            RectTransform delObj = null;
            //遍历漂浮文本
            for (int i = 0; i < RectList.Count; i++)
            {
```

```
    //获取漂浮文本
    RectTransform trans = RectList[i];
    //漂浮文本刷新为自己的漂浮时间
    Dic[trans] -= Time.deltaTime;
    //如果漂浮文本计时到期
    if (Dic[trans] < 0)
    {
        //标记为要删除的漂浮文本
        delObj = trans;
    }
    //获取漂浮文本的位置
    Vector3 point = trans.position;
    //修改向上移动后的位置
    point.y += 100 * Time.deltaTime;
    //刷新为修改后的位置
    trans.position = point;
}

//如果有标记删除的文本
if (delObj)
{
    //从字典中移除该文本
    Dic.Remove(delObj);
    //从列表中移除该文本
    RectList.Remove(delObj);
    //删除该文本UI
    Destroy(delObj.gameObject);
}
}
}
```

04 至此，漂浮文本功能就完成了。每次调用该脚本中的Show()方法，即可显示漂浮文本，测试效果如图9-49所示。如果有兴趣，读者可以尝试加一些有伤害数字的背景图片等内容，让其看起来更适合卡通游戏，如图9-50所示。

图9-49

图9-50

9.4 对话界面和信息界面

对话界面在角色扮演游戏中是必不可少的,下面来制作一下NPC的对话界面。

9.4.1 对话界面

01 在"层级"面板中单击"加号"按钮,选择UI中的"图像",创建一个图像,并重命名为DialoguePanel。设置图像资源为"项目"面板中的2D Casual UI/Sprite/GUI/GUI_28,将其缩放至屏幕下方,并将背景设置为喜欢的颜色,这里设置为半透明的黑色,如图9-51所示。

图9-51

02 在"层级"面板中使用鼠标右键单击刚创建的DialoguePanel,执行"UI>旧版>文本"菜单命令,创建一个子文本控件,并重命名为NameText,将其设置为自己喜欢的颜色与字体大小,该文本控件用于显示角色名称,如图9-52所示。

图9-52

03 在"层级"面板中使用鼠标右键单击刚创建的DialoguePanel,执行"UI>旧版>文本"菜单命令,创建一个子文本控件,并重命名为ContentText,将其设置为自己喜欢的颜色与字体大小,该文本控件用来显示对话内容,如图9-53所示。

图9-53

04 在"项目"面板中创建一个"C#脚本",并重命名为DialoguePanelControl,然后将其挂载到DialoguePanel物体上。双击打开脚本,编写代码。

```csharp
using System.Collections;
using System.Collections.Generic;
using UnityEngine;
using UnityEngine.UI;

public class DialoguePanelControl : MonoBehaviour
{
    //设置单例
    public static DialoguePanelControl Instance;
    //姓名文本
    private Text nameText;
    //内容文本
    private Text contentText;
    //计时器,这里设置5秒后对话框消失,你也可以省去计时器,使用按键来关闭对话框
    private float timer = 5;

    void Start()
    {
        //获取单例
        Instance = this;
        //获取姓名文本
        nameText = transform.Find("NameText").GetComponent<Text>();
        //获取内容文本
        contentText = transform.Find("ContentText").GetComponent<Text>();
        //默认隐藏
        gameObject.SetActive(false);
    }

    //显示对话
    public void ShowContent(string name, string content)
    {
        //设置姓名
        nameText.text = name;
        //设置内容
        contentText.text = content;
        //显示对话框
        gameObject.SetActive(true);
    }

    void Update()
    {
        //如果显示开始倒计时
        if (gameObject.activeSelf)
        {
```

```
        //倒计时
        timer -= Time.deltaTime;
        //如果倒计时到期
        if (timer <= 0)
        {
            //重置计时器
            timer = 5;
            //隐藏对话框
            gameObject.SetActive(false);
        }
    }
}
```

05 至此,对话界面制作完成。测试功能,效果如图9-54所示。

图9-54

9.4.2 信息界面

一般来说,如果一个游戏需要展示大量的游戏信息,通常会在左下角区域创建一个滚动界面,用于显示实时信息。接下来将制作一个具有自动滚动功能的信息界面。

01 在"层级"面板中单击"加号"按钮,选择UI中的"滚动视图",创建一个滚动视图,并重命名为InfoPanel。设置图像资源为"项目"面板中的2D Casual UI/Sprite/GUI/GUI_28,将其缩放至屏幕下方,并将背景设置为喜欢的颜色,这里设置成了半透明的黑色,如图9-55所示。

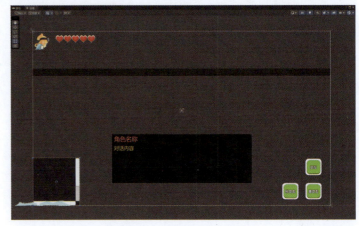

图9-55

02 这里的滚动视图只允许上下滚动，所以应禁止让其左右滚动，如图9-56所示。

03 在"层级"面板中单击Canvas>InfoPanel>Viewport>Content节点，在"检查器"面板中单击"添加组件"按钮 添加组件 ，给当前的滚动视图直接添加一个文本组件，如图9-57所示。

04 同样，再为其添加一个Content Size Fitter组件，并设置"垂直适应"为Preferred Size，即希望滚动视图的高度是由文本控件的高度所控制的，如图9-58所示。

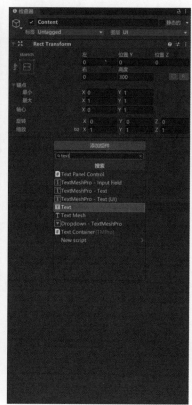

图 9-56　　　　　　　　　　图9-57　　　　　　　　　　图9-58

05 在"项目"面板中创建一个"C#脚本"，并重命名为InfoPanelControl，然后将其挂载到InfoPanel物体上。双击打开脚本，编写代码。

```
using System.Collections;
using System.Collections.Generic;
using UnityEngine;
using UnityEngine.UI;

public class InfoPanelControl : MonoBehaviour
{
    //单例
    public static InfoPanelControl Instance;
    //滚动视图
    private ScrollRect scrollRect;
    //文本视图
    private Text text;
    //是否滚动到最下方
```

```csharp
    private bool isDown = false;

    void Start()
    {
        //设置单例
        Instance = this;
        //获取滚动视图
        scrollRect = GetComponent<ScrollRect>();
        //获取文本视图
        text = transform.GetChild(0).GetComponentInChildren<Text>();
    }

    //显示信息
    public void ShowInfo(string info)
    {
        //显示一条信息
        text.text += info + "\n";
        //滚动到最下方
        isDown = true;
    }

    void Update()
    {
        //如果要滚动到最下方
        if (isDown)
        {
            //停止滚动
            isDown = false;
            //滚动到最下方
            scrollRect.normalizedPosition = Vector2.zero;
        }
    }
}
```

06 运行游戏，测试显示多条信息后，效果如图9-59所示。

07 可以看到效果已经显示出来了，但是右侧的滚动条不太好看。在"层级"面板中选择Canvas>InfoPanel>Scrollbar Vertical，在"检查器"面板中可以看到滚动条也是一个图像控件。这里可以设置图像作为滚动条的背景。文字的颜色也可以设置为自己喜欢的颜色，效果如图9-60所示。

08 至此会用到的UI就制作完成了。如果读者有想制作的其他UI，可以按照前面的制作方式继续扩展制作。最终的完整UI界面效果如图9-61所示。

图9-59

图9-60

图9-61

第10章 内容与剧情

本章将进行该游戏的最后完善工作,即详细介绍游戏剩余内容的制作,包括非玩家角色(NPC)、敌人、任务和剧情等要素。本章内容主要是完善游戏的逻辑和剧情,这个工作要多从玩家角度去考虑问题,读者可以根据自己的设计进行发挥。

10.1 物品背包

在制作其他内容前,来制作一下物品系统,因为物品系统是其他内容的前置系统,而且任务系统也比较独立。

 物品系统好常用啊,我前面做的2D小游戏也都会用得上。

哈哈,毕竟游戏角色也是要携带很多物品的,类似于出门会带钱、手机。

10.1.1 物品系统

物品系统十分简洁明了,它将各类游戏道具物品抽象为一个类,并通过各种物品信息实例化相应的物品对象。在"项目"面板中创建一个"C#脚本",并重命名为ItemManager。双击打开脚本,编写代码。

```csharp
using System.Collections;
using System.Collections.Generic;
using UnityEngine;

//物品类
public class Item
{
    //物品ID
    public int ID;
    //物品名称
    public string Name;
    //物品简介
    public string Des;

    //构造方法
    public Item(int id, string name, string des)
    {
        //初始化ID
        ID = id;
        //初始化名称
        Name = name;
        //初始化简介
```

```csharp
        Des = des;
    }
}

//物品管理类
public class ItemManager
{
    //单例
    private static ItemManager instance;
    //单例
    public static ItemManager Instance
    {
        get
        {
            if (instance == null)
            {
                instance = new ItemManager();
            }

            return instance;
        }
    }
    //全部物品
    private List<Item> items;

    public ItemManager()
    {
        //实例化物品数组
        items = new List<Item>();
        //初始化游戏中用到的物品，这里直接实例化物品类，如果物品数量过多，可以考虑通过JSON或XML等文件编写物品信息并在脚本中加载成物品对象
        //创建物品：一桶水
        items.Add(new Item(1001, "一桶水", "从河边打来的清水。"));
        //创建物品：史莱姆溶液
        items.Add(new Item(1002, "史莱姆溶液", "击杀史莱姆掉落的溶液。"));
        //创建物品：龙牙
        items.Add(new Item(1003, "龙牙", "击杀风暴龙掉落的溶液。"));
    }

    //通过ID获取物品
    public Item GetItem(int itemId)
    {
        //遍历物品
        foreach (Item item in items)
        {
```

```csharp
            //匹配寻找物品ID
            if (item.ID == itemId)
            {
                //找到返回该物品
                return item;
            }
        }
        //没有找到就返回空
        return null;
    }

    //通过物品名称获取物品，因为物品可能会有重名，所以一般返回数组
    public List<Item> GetItems(string itemName)
    {
        //创建临时数组
        List<Item> tmp = new List<Item>();
        //遍历物品
        foreach (Item item in items)
        {
            //匹配寻找物品名称
            if (item.Name == itemName)
            {
                //找到物品，添加到临时数组中
                tmp.Add(item);
            }
        }
        //返回数组
        return tmp;
    }
}
```

10.1.2 背包系统

　　背包系统的实现非常简单。使用一个数组来存储角色所拥有的物品对象，并封装一些常用方法。如果需要显示物品，可以制作一个UI界面来显示数组中的物品。在"项目"面板中创建一个"C#脚本"，并重命名为InventoryManager。双击打开脚本，编写代码。

```csharp
using System.Collections;
using System.Collections.Generic;
using UnityEngine;

//背包物品
public class InventoryItem
{
    //物品ID
```

```csharp
    public int ID;
    //物品个数
    public int count = 0;
}

public class InventoryManager
{
    //单例
    private static InventoryManager instance;
    //单例
    public static InventoryManager Instance
    {
        get
        {
            if (instance == null)
            {
                instance = new InventoryManager();
            }

            return instance;
        }
    }
    //全部物品
    private List<InventoryItem> inventory;

    public InventoryManager()
    {
        //实例化背包数组
        inventory = new List<InventoryItem>();
    }

    //增加物品
    public void AddItem(int id)
    {
        //遍历当前物品
        foreach (var item in inventory)
        {
            //如果背包已经有这个物品
            if (item.ID == id)
            {
                //增加一个
                item.count++;
                return;
            }
        }
```

```csharp
        //物品不存在就新建一个
        InventoryItem newItem = new InventoryItem();
        //设置物品ID
        newItem.ID = id;
        //设置物品的初始个数
        newItem.count = 1;
        //添加到背包里
        inventory.Add(newItem);
    }

    //删除物品
    public void RemoveItem(int id, int count = 1)
    {
        //临时变量保存要删除的物品
        InventoryItem tmp = null;
        //遍历当前物品
        foreach (var item in inventory)
        {
            //如果背包已经有这个物品
            if (item.ID == id)
            {
                //删除
                item.count-=count;
                //如果物品个数为0
                if (item.count <= 0)
                {
                    //准备删除该物品
                    tmp = item;
                }
                return;
            }
        }
        //如果发现有要删除的物品
        if (tmp != null)
        {
            //删除
            inventory.Remove(tmp);
        }
    }

    //得到物品
    public InventoryItem GetItem(int id)
    {
```

```
    //遍历当前物品
    foreach (var item in inventory)
    {
        //如果背包已经有这个物品
        if (item.ID == id)
        {
            return item;
        }
    }
    return null;
}
```

10.2 剧情任务

接下来制作游戏中的剧情任务以及NPC。
飞羽

10.2.1 任务NPC

在游戏开发中，任务系统是一项非常重要的功能。它的主要作用是为玩家设定游戏目标，通过这些目标的引导，玩家可以轻松地进行游戏。下面制作一个简单的任务系统。

01 向场景中添加一个NPC模型。在"项目"面板中将Kawaii Slimes/Prefabs/Slime_03 Leaf拖曳到场景中，并重命名为NPC，为其添加一个Capsule Collider组件，参数设置如图10-1所示。

02 这就是发布任务的NPC。如果有兴趣，可以创建多个NPC，这里就创建一个NPC，用于发布所有任务，如图10-2所示。

图10-1   图10-2

10.2.2 任务基类

在这里进行分析，该游戏总共包含3个任务。第1个任务是水源任务，需要玩家打水；第2个任务是击杀史莱姆任务，玩家需要消灭史莱姆；第3个任务是击杀BOSS任务，玩家需要击败BOSS。接下来将按顺序编写脚本。值得注意的是，一个完整的游戏可能会包含几百个任务。这时可以将任务编写到XML或JSON格式的文件中，然后加载到游戏中。由于当前任务较少，因此只需为每个任务编写单独的脚本即可。

01 编写任务的基类脚本，在"项目"面板中创建一个"C#脚本"，并重命名为TaskBase。双击打开脚本，编写代码。

```
using System.Collections;
using System.Collections.Generic;
using UnityEngine;

public class TaskBase : InteractiveBase
{
    //需要完成的任务ID
    public int RequireID = 0;
    //当前任务ID
    public int ID = 1;
    //当前已经完成的任务ID
    public static int FinishID = 0;

    //接取任务
    public override void Use()
    {
        //判断是否满足需要完成的任务
        if (RequireID == FinishID)
        {
            //开始执行本任务
            StartTask();
        }
    }

    //任务执行方法
    public virtual void StartTask()
    {

    }
}
```

02 在代码中可以看到每个任务都是一个与NPC的交互，而每个NPC可以发布多个任务，所以要简单修改一下交互脚本，让其可以同时与多个脚本进行交互，同时能接收一个NPC发布的多个任务。修改InteractiveState脚本。

```
using System;
using System.Collections;
using System.Collections.Generic;
```

```csharp
using UnityEngine;

public class InteractiveState : StateBase
{
    private void OnEnable()
    {
        //这个状态可以播放一个交互的动作，这里就不播放了，直接开始交互
        //简单获取周围2米内的物体
        var colliders = Physics.OverlapSphere(transform.position, 2);
        //遍历周围的物体
        foreach (var collider in colliders)
        {
            //获取交互物脚本，这里修改为获取所有脚本
            InteractiveBase[] tmp = collider.GetComponents<InteractiveBase>();
            //遍历物体上的交互物组件
            foreach (var interactive in tmp)
            {
                //使用该交互物
                interactive.Use();
            }
        }

        //切换到站立状态
        ChangeState<IdleState>();
    }

    private void OnDisable()
    {
        //Debug.Log("结束交互");
    }
}
```

10.2.3 任务一

01 编写第1个任务：打水任务。在"项目"面板中创建一个"C#脚本"，并重命名为Task1，然后将其挂载到NPC物体上。双击打开脚本，编写代码。

```csharp
using System.Collections;
using System.Collections.Generic;
using UnityEngine;

public class Task1 : TaskBase
{
    //开始任务
```

```
public override void StartTask()
{
    //判断当前是否完成打水任务
    if (InventoryManager.Instance.GetItem(1001) != null)
    {
        //完成了打水任务，则删除水
        InventoryManager.Instance.RemoveItem(1001);
        //更新当前完成的任务记录
        FinishID = ID;
        //显示任务
        DialoguePanelControl.Instance.ShowContent(
            "守护者",
            "太感谢了，好久没喝到这么好喝的水了！");
        //系统提示
        InfoPanelControl.Instance.ShowInfo("系统：打水任务已完成！");
    }
    //如果没有完成则显示任务
    else
    {
        //显示任务
        DialoguePanelControl.Instance.ShowContent(
            "守护者",
            "你好，原来你就是这个世界召唤来的勇者啊！那你能先帮我个忙吗？河流现在已经被怪物史莱姆完全占领了，我已经三天没喝水了，先帮我打桶水吧。");
        //系统提示
        InfoPanelControl.Instance.ShowInfo("系统：接收打水任务！");
    }
}
```

02 在"层级"面板中创建一个立方体，并重命名为Task1Cube，将其放在河流的位置，如图10-3所示。

图10-3

03 在"检查器"面板中关闭Mesh Renderer组件,并将Box Collider设置为触发器。在"项目"面板中创建一个"C#脚本",并重命名为Task1Cube,然后将其挂载到Task1Cube物体上。双击打开脚本,编写代码。

```csharp
using System;
using System.Collections;
using System.Collections.Generic;
using UnityEngine;

public class Task1Cube : MonoBehaviour
{
    void Start()
    {

    }

    //当玩家进入河流区域
    private void OnTriggerEnter(Collider other)
    {
        //如果是玩家进入河流
        if (other.tag == "Player")
        {
            //给玩家一桶水
            InventoryManager.Instance.AddItem(1001);
            //信息提示
            InfoPanelControl.Instance.ShowInfo("系统:打了一桶水。");
        }
    }
}
```

04 运行游戏,与NPC交互,即可接收打水任务,如图10-4所示。当走到河流触发区域时就可以获得"一桶水"物品,如图10-5所示。再次与NPC交互,任务完成,如图10-6所示。

图10-4

图10-5

图10-6

10.2.4 任务二

01 制作第2个任务：击杀怪物史莱姆。在"项目"面板中创建一个"C#脚本"，并重命名为Task2，然后将其挂载到NPC物体上。双击打开脚本，编写代码。

```
using System.Collections;
using System.Collections.Generic;
using UnityEngine;

public class Task2 : TaskBase
{
    //开始任务
    public override void StartTask()
    {
        //判断当前是否完成杀怪任务
        if (InventoryManager.Instance.GetItem(1002) != null && InventoryManager.Instance.GetItem(1002).count >=5)
```

```
{
    //删除史莱姆溶液
    InventoryManager.Instance.RemoveItem(1002, 5);
    //更新当前完成的任务记录
    FinishID = ID;
    //显示任务
    DialoguePanelControl.Instance.ShowContent(
        "守护者",
        "果然厉害,那么接下来就准备击杀风暴龙了!");
    //系统提示
    InfoPanelControl.Instance.ShowInfo("系统:击杀史莱姆任务已完成!");
}
//如果没有完成则显示任务
else
{
    //显示任务
    DialoguePanelControl.Instance.ShowContent(
        "守护者",
        "勇者啊,大陆曾经十分和平,但是风暴龙来了以后,整个大陆都面临危机。虽然想立刻让你帮忙击杀风暴龙,但是为了验证你的能力,请先击杀一些史莱姆,带回5个史莱姆溶液给我吧!");
    //系统提示
    InfoPanelControl.Instance.ShowInfo("系统:接收击杀史莱姆任务,需要获取5个史莱姆溶液!");
}
}
```

02 设置该脚本的任务ID,如图10-7所示。因为还没制作敌人,所以在敌人制作完成后再进行任务测试。

10-7

10.2.5 任务三

01 制作第3个任务:击杀BOSS。在"项目"面板中创建一个"C#脚本",并重命名为Task3,然后将其挂载到NPC物体上。双击打开脚本,编写代码。

```
using System.Collections;
using System.Collections.Generic;
using UnityEngine;

public class Task3 : TaskBase
```

```
{
    //开始任务
    public override void StartTask()
    {
        //判断当前是否完成杀怪任务
        if (InventoryManager.Instance.GetItem(1003) != null)
        {
            //删除龙牙
            InventoryManager.Instance.RemoveItem(1003);
            //更新当前完成的任务记录
            FinishID = ID;
            //显示任务
            DialoguePanelControl.Instance.ShowContent(
                "守护者",
                "感谢勇者大人拯救了这个世界！现在我就送您回到您的世界吧！");
            //系统提示
            InfoPanelControl.Instance.ShowInfo("系统：击杀风暴龙任务已完成！");
        }
        //如果没有完成则显示任务
        else
        {
            //显示任务
            DialoguePanelControl.Instance.ShowContent(
                "守护者",
                "不好了，风暴龙破坏了给大陆提供能量的能量核心，现在只有击杀风暴龙获取龙牙，才能用龙牙修复核心，拜托了！");
            //系统提示
            InfoPanelControl.Instance.ShowInfo("系统：接收击杀风暴龙任务！");
        }
    }
}
```

02 设置该脚本的任务ID，如图10-8所示。该任务同样在BOSS制作完成后再进行测试。

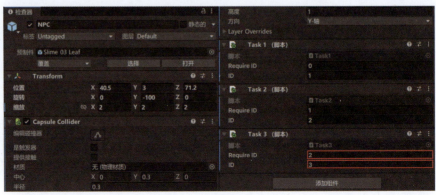

图10-8

10.3 敌人制作

小萌：我一直想制作任务系统但是制作不出来，没想到这么简单！

飞羽：没错，不过咱们只制作了3个任务。如果真正做项目，最好还是配合JSON或XML文件来制作任务，会方便一些。这一节就来制作敌人吧！

10.3.1 史莱姆制作

01 在场景中添加一个NPC模型。在"项目"面板中将Kawaii Slimes/Animation/Slime_Anim拖曳到场景中，并重命名为Enemy，为其添加一个Sphere Collider组件，属性设置如图10-9所示。

02 在"项目"面板中单击"加号"按钮，选择"动画器控制器"，创建一个动画控制器，并重命名为EnemyController，然后将其挂载到Enemy物体上，将之前创建的EnemyControl脚本也挂载到Enemy物体上，如图10-10所示。

图10-9　　　　　　　　　图10-10

03 双击打开EnemyController动画控制器，将"项目"面板中的Kawaii Slimes/Animation/Slime_anim下的攻击动画Attack、站立动画Idle、移动动画Walk这3个动画拖曳到"动画器"面板中，并设置关联，如图10-11所示。

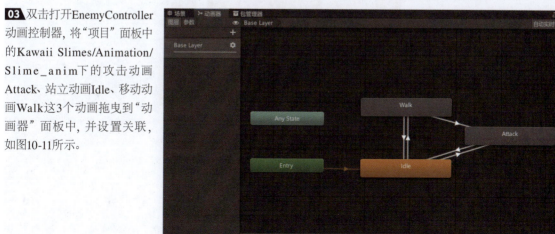

图10-11

04 默认情况下站立和移动是循环动画，攻击是单次动画，这里为了让攻击也可以循环播放，在"项目"面板中选择Kawaii Slimes/Animation/Slime_anim，并勾选攻击动画的"循环时间"选项，如图10-12所示。

图10-12

05 在"动画器"面板的左侧区域，单击"加号"按钮，创建2个Bool类型的参数，并命名为Run和Attack，如图10-13所示。

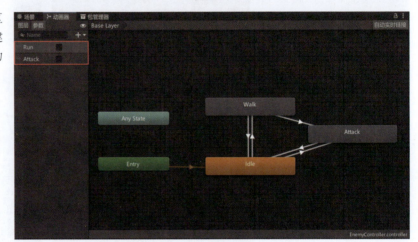

图10-13

06 设置过渡的条件，并且关闭每个过渡的过渡时间，这样才可以以最快的速度切换动画。单击Idle到Walk的过渡线，设置参数条件Run为true，表示允许从站立动画切换到跑步动画，然后取消选择"有退出时间"选项，如图10-14所示。

07 单击Walk到Idle的过渡线，设置参数条件Run为false，表示允许从跑步动画切换到站立动画，然后取消选择"有退出时间"选项，如图10-15所示。

图10-14 图10-15

08 单击Idle到Attack的过渡线,设置参数条件Attack为true,表示允许从站立动画切换到攻击动画,然后取消选择"有退出时间"选项,如图10-16所示。

09 单击Walk到Attack的过渡线,设置参数条件Attack为true,表示允许从跑步动画切换到攻击动画,然后取消选择"有退出时间"选项,如图10-17所示。

10 单击Attack到Idle的过渡线,设置参数条件Attack为false,表示允许从攻击动画切换到站立动画,然后取消选择"有退出时间"选项,如图10-18所示。

图10-16

图10-17

图10-18

11 这里攻击动画的速度较快,需要设置得慢一些。在"动画器"面板中单击选中Attack动画状态,如图10-19所示。在"检查器"面板中设置"速度",即可修改该动画的播放速度,如图10-20所示。

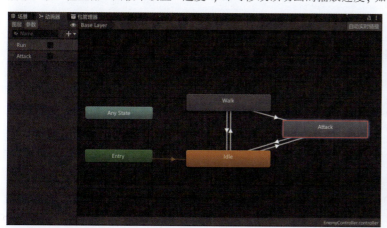
图10-19

图10-20

12 至此,动画设置完成。双击打开EnemyControl脚本,编写代码。

```
using System;
using System.Collections;
using System.Collections.Generic;
using UnityEngine;

public class EnemyControl : MonoBehaviour
{
    //血量
    public int hp = 10;
```

```csharp
//动画控制器
private Animator ani;
//玩家
private Transform player;

private void Start()
{
    //获取动画控制器
    ani = GetComponent<Animator>();
    //获取玩家
    player = GameObject.FindWithTag( "Player" ).transform;
}

private void Update()
{
    //获取敌人距离玩家的位置
    float dis = Vector3.Distance(transform.position, player.position);
    //如果距离在2米内，就开始攻击
    if (dis <= 2)
    {
        //停止移动动画
        ani.SetBool( "Run" , false);
        //播放攻击动画
        ani.SetBool( "Attack" , true);
        //朝向玩家
        transform.LookAt(player);
    }
    //如果距离在4米内，就朝向玩家移动
    else if (dis <= 4)
    {
        //停止攻击动画
        ani.SetBool( "Attack" , false);
        //播放移动动画
        ani.SetBool( "Run" , true);
        //朝向玩家
        transform.LookAt(player);
        //移动
        transform.Translate(Vector3.forward * 1 * Time.deltaTime);
    }
    //距离超过4米
    else
    {
        //停止移动动画
        ani.SetBool( "Run" , false);
        //停止攻击动画
```

```csharp
      ani.SetBool("Attack", false);
    }
}

//攻击玩家
public void Hit()
{
    //攻击玩家
    player.GetComponent<PlayerControl>().GetHit(1);
}

//受到攻击
public void GetHit(int num)
{
    //减少血量
    hp -= num;
    //伤害显示
    TextPanelControl.Instance.Show(transform.position + Vector3.up * 0.5f, "-" + num);
    //如果血量为空，则死亡
    if (hp <= 0)
    {
        //给玩家添加史莱姆溶液
        InventoryManager.Instance.AddItem(1002);
        //提示信息
        InfoPanelControl.Instance.ShowInfo("系统：获得一个史莱姆溶液！");
        //销毁自己
        Destroy(gameObject);
    }
}
```

13 设置一下何时触发攻击。在"项目"面板中选择Kawaii Slimes/Animation/Slime_anim，并展开攻击动画的事件设置，单击"添加事件"按钮，添加一个事件，并设置参数，如图10-21所示。

图10-21

14 运行游戏。测试一下会发现可以与敌人正常进行攻击交互，如图10-22所示。击杀敌人后，敌人消失，获取任务道具，如图10-23所示。将"层级"面板中的Enemy拖曳到"项目"面板中的Resources文件夹中生成预设体，并命名为EnemyPrefab，然后删除"层级"面板中的Enemy。

图10-22

图10-23

10.3.2 敌人孵化器

有了敌人预设体，就可以制作孵化器，对敌人进行批量创建。

01 在"层级"面板中创建一个空的游戏物体，并重命名为EnemySpawn，属性设置如图10-24所示。

图10-24

02 在"项目"面板中创建一个"C#脚本"，并重命名为EnemySpawn，然后将其挂载到EnemySpawn物体上。双击打开脚本，编写代码。

```csharp
using System.Collections;
using System.Collections.Generic;
using UnityEngine;

public class EnemySpawn : MonoBehaviour
{
    //敌人预设体
    private GameObject enemyPrefab;
    //检查敌人数量计时器
    private float timer = 0;

    void Start()
    {
        //加载敌人预设体
```

```csharp
        enemyPrefab = Resources.Load<GameObject>( "EnemyPrefab" );
    }

    void Update()
    {
        //计时器计时
        timer += Time.deltaTime;
        //每2秒检测一次当前敌人
        if (timer > 2)
        {
            //重置计时器
            timer = 0;
            //获得当前的敌人数量
            int enemyCount = transform.childCount;
            //如果敌人数量少于3
            if (enemyCount < 3)
            {
                //创建一个敌人
                GameObject enemy = Instantiate(enemyPrefab, transform.position, transform.rotation);
                //随机位置
                enemy.transform.position += new Vector3(Random.Range(-3, 4), 0, Random.Range(-3, 4));
                //随机旋转
                enemy.transform.rotation = Quaternion.Euler(0, Random.Range(0, 360), 0);
                //敌人设置父物体
                enemy.transform.SetParent(transform);
            }
        }
    }
}
```

03 运行游戏，即可看到敌人已经创建出来了，如图10-25所示。测试一下任务二的杀怪任务，这里领取任务二，如图10-26所示。击杀5只史莱姆，获取溶液，如图10-27所示。这时就可以正常回复任务，并接受下个任务了，如图10-28所示。

图10-25

图10-26

图10-27　　　　　　　　　　　　　　　　　图10-28

04 因为目前没有回血手段,所以在测试时可能会发现血量掉得比较快,可以添加一个随时间增长而回血的功能。双击打开**PlayerControl**脚本并修改代码。如果血量不满,每隔5秒就会恢复一格血量,当然读者也可以用前面的知识来制作回血物品、回血区域、回血任务等各种回血手段,有兴趣的话可以尝试进行扩展。

```
using System;
using UnityEngine;

//这个脚本放在本章最后
public class PlayerControl : MonoBehaviour
{
    //单例
    public static PlayerControl Instance;
    //人物最大血量
    public int MaxHp = 10;
    //人物当前血量
    private int hp = 10;
    //人物当前血量属性
    public int Hp
    {
        set
        {
            hp = value;
            //做一个简单的数值限制
            //如果血量大于10
            if (hp > 10)
            {
                //血量设置为10
                hp = 10;
            }
            //如果血量小于0
            if (hp < 0)
            {
                //血量设置为0
                hp = 0;
```

```csharp
        }
        //设置血量显示
        PlayerPanelControl.Instance.SetHp(hp);
    }
    get
    {
        return hp;
    }
}
//攻击力
public int Attack = 3;
//回血计时器
private float timer = 0;

void Awake()
{
    //单例
    Instance = this;
}

//玩家受到伤害
public void GetHit(int num)
{
    //进入受击状态
    StateBase.state.GetHit(num);
}

private void Update()
{
    //计时器增加
    timer += Time.deltaTime;
    //如果计时器大于5
    if (timer > 5)
    {
        //重置计时器
        timer = 0;
        //如果血量不满
        if (Hp < MaxHp)
        {
            //回血
            Hp++;
        }
    }
}
}
```

10.4 过场动画

小萌：飞羽老师，游戏中的过场动画一般也是用Animator组件去做吗？

飞羽：哈哈，那就太麻烦了，Unity提供了一个专用的时间轴组件，使用这个组件做过场动画就非常简单。

10.4.1 时间轴

"时间轴"是Unity专门提供的一个制作过场动画或序列内容的组件，使用该组件，只需要在任何物体上挂载一个Playable Director组件即可，如图10-29所示。一旦组件挂载到物体上，该物体就具备了时间轴播放的功能。可以将该控件视为现实生活中的录像机。尽管录像机具备播放功能，但若没有录像带，录像机将无法播放任何内容。因此，录像机必须加载一个录像带才能播放内容。而更换不同的录像带也将导致不同内容的播放。时间轴组件也是如此，在图10-29中可以看到组件中包含了"可播放"属性，该属性的功能就是必须添加一个时间轴资源才能播放资源文件中的内容。

图10-29

01 创建时间轴资源。在"项目"面板中单击"加号"按钮，选择"时间轴"，创建一个时间轴文件，双击该文件就可以打开"时间轴"编辑面板，如图10-30所示。

图10-30

02 默认情况下，"时间轴"面板提供了6种轨道，可以创建这6种轨道来加载6种不同的资源，包括控制物体的激活、动画、声音、控制、信号、脚本。单击面板左上角的"加号"按钮，可以在打开的菜单中选择一个轨道来添加，如图10-31所示。这里尝试选择Activation Track，创建一个轨道，该轨道可以控制是否激活物体，如图10-32所示。

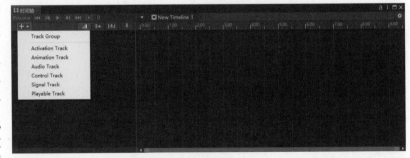

图10-31

图10-32

03 在面板的左侧区域可以拖曳一个游戏物体，也就是需要控制哪个物体，在右侧可以看到这个物体对应的时间轴片段，该片段表示物体在这个时间阶段内是激活状态。Cube立方体会在播放1秒的时间后激活显示，然后在5秒后停止激活，如图10-33所示。

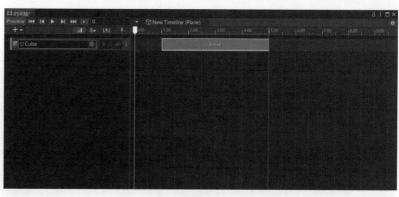

图10-33

04 另一个常用的轨道就是动画轨道，选择Animation Track，即可创建一个动画轨道，如图10-34所示。

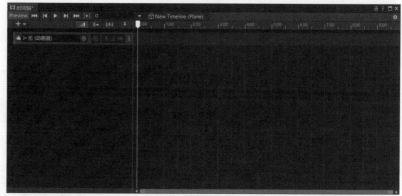

图10-34

05 可以看到轨道样式都是类似的，依然可以拖曳一个包含Animator组件的物体到面板的左侧区域中，在右侧的时间轴上可以拖曳"项目"面板中该物体的动画片段。拖曳一个Cube物体，并拖曳两个动画片段，这样就可以依次让该物体播放这两个动画，如图10-35所示。

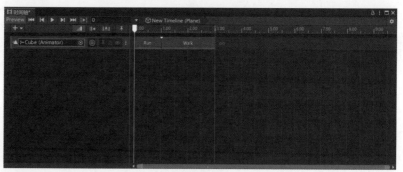

图10-35

06 仔细分析，物体在0~1秒会播放跑步动画，在1~3秒会播放走路动画。这看似没有问题，但实际播放时在1秒的时候会有一个动画的突然切换，导致效果十分生硬，那么如何才能平滑地从跑步动画切换到走路动画呢？将走路动画继续向左拖曳，当两个动画片段发生重合时，重合的部分即是过渡部分，如图10-36所示。

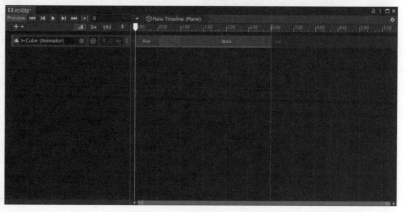

图10-36

07 对于动画轨道，除了拖曳动画片段，也可以进行动画制作。单击轨道的红色录制按钮◉即可录制该物体的移动、旋转等数值变化，如图10-37所示。

图10-37

08 在保持录制开启的情况下，将0秒处的立方体设置到（1,0,0）的位置，然后将2秒处的立方体设置到（0,0,0）的位置，可以看到这两处生成了关键帧，如图10-38所示。当播放动画时，可以看到0~2秒时，立方体的位置从（1,0,0）的位置移动到（0,0,0）的位置。

图10-38

10.4.2 动画制作

01 制作项目中的BOSS风暴龙登场动画。执行"窗口>资产商店"菜单命令，在资产商店中下载并导入Dragon for BOSS Monster:HP，如图10-39所示。为了保证制作案例时使用的资源版本与本书一致，读者可以直接从本书提供的资源中导入该资源。

02 在"项目"面板中找到FourEvilDragonsHP/Prefab/DragonUsurper/Red并将其拖曳到"层级"面板中，如图10-40所示。

图10-39　　　　　　　　　　　图10-40

03 现在希望动画内容为风暴龙从远处的空中飞来，然后降落到此处，如图10-41所示。在"层级"面板中创建一个空对象，重命名为Timeline，并添加一个Playable Director组件，如图10-42所示。

图10-41　　　　　　　　　　　　　　　　图10-42

04 在"项目"面板中创建一个时间轴文件，并重命名为MyTimeline，然后将其关联到上面的Playable Director组件上，并取消选择"唤醒时播放"选项，因为要通过代码来控制动画的播放时间，如图10-43所示。

05 双击MyTimeline文件，打开"时间轴"面板，按前面的步骤创建一个Activation Track与两个Animation Track，如图10-44所示。可以看到现在3个轨道都没有关联内容，将场景中的风暴龙关联进来，如图10-45所示。

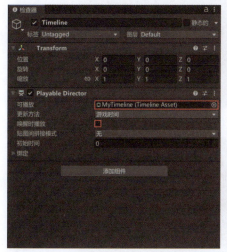

图10-44

图10-43　　　　　　　　　　　　　　　　图10-45

06 将激活轨道拉伸，保证风暴龙从0.1秒时开始激活，直到8.5秒时取消激活，如图10-46所示。

图10-46

07 选中第1个动画轨道的红色录制按钮◉，将风暴龙放到远处的空中，如图10-47所示。

图10-47

08 这时动画轨道会出现关键帧，如图10-48所示。将关键帧滑动到2.5秒的位置，然后将风暴龙移动到最终位置，如图10-49所示。

图10-48

图10-49

09 这时动画轨道的关键帧如图10-50所示。在3.5秒处稍微把风暴龙往下移动一点，这里体现风暴龙持续1秒的滞空效果，如图10-51所示。

图10-50

图10-51

10 在5秒处将风暴龙移动到地面，表示风暴龙落地，如图10-52所示。再次单击录制按钮 ⦿，关闭动画录制，这时动画轨道的关键帧如图10-53所示。

图10-52

图10-53

11 移动动画制作完成后，需要让风暴龙播放动画动作。在"项目"面板中找到FourEvilDragonsHP/Animations/DragonUsurper/FlyForward/Fly Forward飞翔动画，将其拖曳到第2个动画轨道上，并拖曳到5.3秒处，如图10-54所示。

图10-54

12 在5秒处风暴龙已经落地了，这时为了表示龙的力量，播放一个龙吼叫的动画。在"项目"面板中找到FourEvilDragonsHP/Animations/DragonUsurper/attackFlame/Flame Attack，将其拖曳到第2个动画轨道上，并拖曳到5秒处，如图10-55所示。

图10-55

13 吼叫动画播放完成后就播放普通站立动画。在"项目"面板中找到FourEvilDragonsHP/Animations/DragonUsurper/idle01/Idle01，将其拖曳到第2个动画轨道上，并拖曳到7.5秒处，如图10-56所示。

图10-56

14 一般过场动画会有一个或多个新的摄像机来拍摄动画，这里就需要一个专门的摄像机拍摄风暴龙，所以接下来创建一个新的摄像机。在"层级"面板中创建一个摄像机，设置"深度"为1，这样该摄像机的优先级就会大于默认的摄像机，然后设置"位置"参数，如图10-57所示。

图10-57

15 为了保证摄像机一直拍摄风暴龙,编写一个脚本,挂载到摄像机上。在"项目"面板中创建一个"C#脚本",并重命名为CameraTimeline,然后将其挂载到摄像机物体上。双击打开脚本,编写代码。

```
using System.Collections;
using System.Collections.Generic;
using UnityEngine;

public class CameraTimeline : MonoBehaviour
{
    //关联风暴龙
    public Transform BOSS;

    void Update()
    {
        //始终朝向风暴龙
        transform.LookAt(BOSS);
    }
}
```

16 为时间轴添加一个轨道,用来控制摄像机的激活,如图10-58所示。

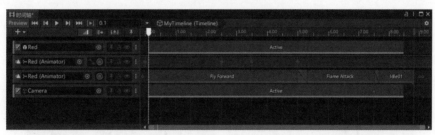

图10-58

17 那么什么时候播放时间轴呢?笔者希望在完成任务二的时候播放,所以这里要修改Task2的脚本。

```
using System.Collections;
using System.Collections.Generic;
using UnityEngine;
using UnityEngine.Playables;

public class Task2 : TaskBase
{
    //关联Timeline物体
    public PlayableDirector timeline;

    //开始任务
    public override void StartTask()
    {
        //判断当前是否完成杀怪任务
        if (InventoryManager.Instance.GetItem(1002) != null)
        {
            //删除史莱姆溶液
```

```
            InventoryManager.Instance.RemoveItem(1002);
            //更新当前完成的任务记录
            FinishID = ID;
            //系统提示
            InfoPanelControl.Instance.ShowInfo("系统：击杀史莱姆任务已完成！");
            //播放风暴龙过场动画
            timeline.Play();
        }
        //如果没有完成则显示任务
        else
        {
            //显示任务
            DialoguePanelControl.Instance.ShowContent(
                "守护者",
                "勇者啊，大陆曾经十分和平，但是风暴龙来了以后，现在整个大陆都面临危机。虽然想立刻让你帮忙击杀风暴龙，但是为了验证你的能力，请先击杀一些史莱姆，带回五个史莱姆溶液给我吧！");
            //系统提示
            InfoPanelControl.Instance.ShowInfo("系统：接收击杀史莱姆任务，需要获取5个史莱姆溶液！");
        }
    }
}
```

18 至此，NPC制作完成，如图10-59所示。在运行游戏前，因为风暴龙和摄像机的激活已经交给时间轴控制了，所以取消风暴龙和摄像机的激活显示。以摄像机取消激活为例，参数如图10-60所示。

图10-59　　　　　　　　　　图10-60

19 运行游戏，当回复第2个任务的时候就可以看到动画了，风暴龙从远处飞来并落地，动画播放完成后恢复游戏，如图10-61~图10-64所示。

图10-61

图10-62

图10-63

图10-64

10.5 完善游戏

小萌：飞羽老师，过场动画中的风暴龙和真正的风暴龙是同一个游戏物体吗？

飞羽：哈哈，那就看情况了。如果动画简单，做成一个是可以的；如果动画复杂，就可以做成两个。这里就做成两个了，也就是说接下来需要重新制作风暴龙。

10.5.1 风暴龙

01 执行"窗口>资产商店"菜单命令，在资产商店中下载并导入Cartoon FX Remaster Free，如图10-65所示。为了保证制作案例时使用的资源版本与本书一致，读者可以直接从本书提供的资源中导入该资源。

图10-65

02 为了方便使用，在"项目"面板中找到JMO Assets/Cartoon FX Remaster/CFXR Prefabs文件夹，修改该文件夹名称为Resources。在"项目"面板中找到FourEvilDragonsHP/Prefab/DragonUsurper/Red并将其拖曳到"层级"面板中，重命名为BOSS。在"项目"面板中创建一个动画控制器，并重命名为BOSSController，然后将其挂载到BOSS物体上，如图10-66所示。

图10-66

03 这里可以使用与主角相同的状态机为风暴龙编写复杂逻辑，BOSS就会更加生动与灵活。前面已经多次用过状态机，所以这里就不再赘述了，简单实现BOSS的攻击与死亡即可。双击BOSSController打开"动画器"面板，在"项目"面板中将FourEvilDragonsHP/Animations/DragonUsurper下的idle01、attackMouth、attackFlame、attackHand、Die动画拖曳上来，并设置图10-67所示的过渡关系。

04 添加4个Trigger类型的动画参数，分别为Die、Attack、Skill1、Skill2，如图10-68所示。

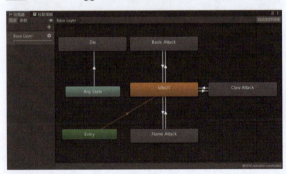

图10-67

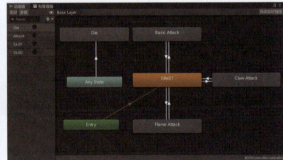

图10-68

05 单击Idle01到Basic Attack的过渡线，在"检查器"面板中单击"加号"按钮，添加一个Attack参数，表示允许从站立动画切换到攻击动画，然后取消选择"有退出时间"选项，如图10-69所示。

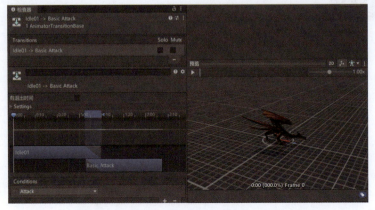

图10-69

06 单击Idle01到Claw Attack的过渡线，添加一个Skill1参数，表示允许从站立动画切换到技能1动画，然后取消选择"有退出时间"选项，如图10-70所示。

07 单击Idle01到Flame Attack的过渡线，添加一个Skill2参数，表示允许从站立动画切换到技能2动画，然后取消选择"有退出时间"选项，如图10-71所示。

08 单击Any State到Die的过渡线，添加一个Die参数，表示允许从任意动画切换到死亡动画，然后取消选择"有退出时间"选项，如图10-72所示。

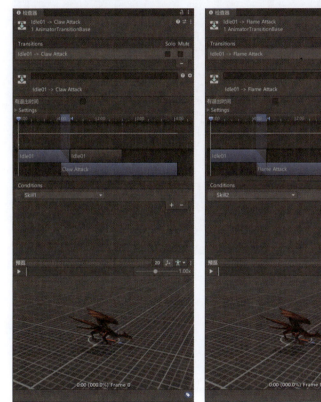

图10-70　　　　　　　　　图10-71　　　　　　　　　图10-72

09 选中"项目"面板中的FourEvilDragonsHP/Animations/DragonUsurper/attackMouth动画并为其添加一个攻击事件，如图10-73所示。

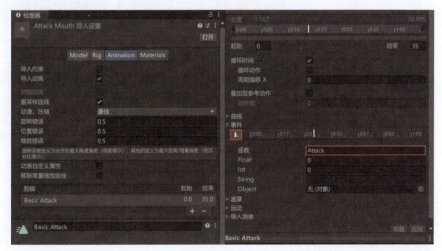

图10-73

10 选中"项目"面板中的FourEvilDragonsHP/Animations/DragonUsurper/attackFlame动画并为其添加一个技能事件，如图10-74所示。

11 选中"项目"面板中的FourEvilDragonsHP/Animations/DragonUsurper/attackHand动画并为其添加一个技能事件，如图10-75所示。

图10-74　　　　　　　　图10-75

10.5.2 攻击逻辑

01 要制作敌人与玩家的交互，就要为其添加碰撞器，添加一个或多个均可，读者可以根据自己的碰撞需求添加，这里添加一个即可，如图10-76所示。

02 将喷火特效放置到BOSS上，在"项目"面板中找到JMO Assets/Cartoon FX Remaster/CFXR Prefabs/Fire/CFXR Fire Breath，拖曳到"层级"面板中的BOSS/Root/Spine01/Spine02/Chest/Neck01/Neck02/Neck03/Head路径下，作为BOSS的子物体，并重命名为Fire，参数设置如图10-77所示。

图10-76　　　　　　　　图10-77

03 在"项目"面板中创建一个"C#脚本",并重命名为BOSSControl,然后将其挂载到BOSS物体上。有两种方法制作该脚本,一种是继承敌人脚本并编写逻辑,另一种是编写单独的BOSS脚本,方便区分敌人小怪与BOSS。这里编写单独的BOSS脚本,双击打开脚本,编写代码。

```csharp
using System;
using System.Collections;
using System.Collections.Generic;
using UnityEngine;
using Random = System.Random;

//敌人状态
public enum BOSSState
{
    //站立状态
    Idle,
    //攻击状态
    Attack,
    //技能1状态
    Skill1,
    //技能2状态
    Skill2,
    //死亡状态
    Die
}

public class BOSSControl : MonoBehaviour
{
    //血量
    public int hp = 10;
    //动画控制器
    private Animator ani;
    //玩家
    private Transform player;
    //当前状态
    private BOSSState state = BOSSState.Idle;
    //火焰效果 关联上一步中的Fire
    public GameObject Fire;

    private void Start()
    {
        //获取动画控制器
        ani = GetComponent<Animator>();
        //获取玩家
        player = GameObject.FindWithTag( "Player" ).transform;
        //默认隐藏
        gameObject.SetActive(false);
```

```csharp
}

void Update()
{
    //根据状态做不同的事，怪物逻辑简单，所以这里使用了简化的状态方法，大家也可以使用与主角相同的状态机来进行制作
    switch (state)
    {
        case BOSSState.Idle:
            //获取敌人距离玩家的位置
            float dis = Vector3.Distance(transform.position, player.position);
            //如果7米内，开始攻击
            if (dis <= 7)
            {
                //随机数
                int n = new Random().Next(0, 10);
                //较大概率
                if (n < 6)
                {
                    //播放攻击动画
                    ani.SetTrigger("Attack");
                    //2秒后恢复站立
                    Invoke("Idle", 2);
                    //普通攻击
                    state = BOSSState.Attack;
                }
                //较小概率
                else if (n < 7)
                {
                    //播放技能动画
                    ani.SetTrigger("Skill1");
                    //3秒后恢复站立
                    Invoke("Idle", 4);
                    //技能1
                    state = BOSSState.Skill1;
                }
                //较小概率
                else
                {
                    //播放技能动画
                    ani.SetTrigger("Skill2");
                    //3秒后恢复站立
                    Invoke("Idle", 3);
                    //0.5秒后播放火焰效果
                    Invoke("StartFire", 0.5f);
```

```
                //2.5秒后停止火焰效果
                Invoke("EndFire", 2.5f);
                //技能2
                state = BOSSState.Skill2;
            }
        }
        break;
    case BOSSState.Attack:
        //攻击时保持朝向玩家
        transform.LookAt(player);
        break;
    case BOSSState.Skill1:
        //技能1时保持朝向玩家
        transform.LookAt(player);
        break;
    case BOSSState.Skill2:
        //技能2时保持朝向玩家
        transform.LookAt(player);
        break;
    case BOSSState.Die:
        return;
    }
}

//恢复站立状态
private void Idle()
{
    if (state != BOSSState.Die)
    {
        //设置站立状态
        state = BOSSState.Idle;
    }
}

//播放火焰效果
private void StartFire()
{
    Fire.SetActive(true);
}

//停止火焰效果
private void EndFire()
{
    Fire.SetActive(false);
```

```csharp
    }

    //攻击玩家
    public void Attack()
    {
        //攻击玩家
        player.GetComponent<PlayerControl>().GetHit(1);
    }

    //技能1
    public void Skill1()
    {
        //攻击玩家
        player.GetComponent<PlayerControl>().GetHit(2);
    }

    //技能2
    public void Skill2()
    {
        //攻击玩家
        player.GetComponent<PlayerControl>().GetHit(3);
    }

    //受到攻击
    public void GetHit(int num)
    {
        //如果当前是死亡状态
        if (state == BOSSState.Die)
        {

            return;
        }
        //减少血量
        hp -= num;
        //伤害显示
        TextPanelControl.Instance.Show(transform.position + Vector3.up * 0.5f, "-" + num);
        //如果血量为空，则死亡
        if (hp <= 0)
        {
            //播放死亡动画
            ani.SetTrigger("Die");
            //给玩家添加BOSS掉落物
            InventoryManager.Instance.AddItem(1003);
            //提示信息
            InfoPanelControl.Instance.ShowInfo("系统：获得一个龙牙！");
```

```
            //保证火焰消失
            EndFire();
            //设置当前状态为死亡状态
            state = BOSSState.Die;
        }
    }
}
```

04 既然添加了特效资源，为了效果好看，也为史莱姆添加一些打击效果。双击打开EnemyControl脚本并修改代码。

```
using System;
using System.Collections;
using System.Collections.Generic;
using UnityEngine;

public class EnemyControl : MonoBehaviour
{
    //血量
    public int hp = 10;
    //动画控制器
    private Animator ani;
    //玩家
    private Transform player;
    //史莱姆打击特效，需要关联JMO Assets/Cartoon FX Remaster/CFXR Prefabs/Misc/CFXR3 Hit Misc A
    public GameObject HitPre;
    //史莱姆死亡特效，需要关联JMO Assets/Cartoon FX Remaster/CFXR Prefabs/Misc/CFXR3 Hit Misc F Smoke
    public GameObject DiePre;

    private void Start()
    {
        //获取动画控制器
        ani = GetComponent<Animator>();
        //获取玩家
        player = GameObject.FindWithTag("Player").transform;
    }

    private void Update()
    {
        //获取敌人距离玩家的位置
        float dis = Vector3.Distance(transform.position, player.position);
        //如果2米内，开始攻击
        if (dis <= 2)
        {
            //停止移动动画
            ani.SetBool("Run", false);
            //播放攻击动画
```

```
            ani.SetBool("Attack", true);
            //朝向玩家
            transform.LookAt(player);
        }
        //如果4米内，朝向玩家移动
        else if (dis <= 4)
        {
            //停止攻击动画
            ani.SetBool("Attack", false);
            //播放移动动画
            ani.SetBool("Run", true);
            //朝向玩家
            transform.LookAt(player);
            //移动
            transform.Translate(Vector3.forward * 1 * Time.deltaTime);
        }
        //超过4米
        else
        {
            //停止移动动画
            ani.SetBool("Run", false);
            //停止攻击动画
            ani.SetBool("Attack", false);
        }
    }

    //攻击玩家
    public void Hit()
    {
        //攻击玩家
        player.GetComponent<PlayerControl>().GetHit(1);
    }

    //受到攻击
    public void GetHit(int num)
    {
        Debug.Log("enemy");

        //减少血量
        hp -= num;
        //伤害显示
        TextPanelControl.Instance.Show(transform.position + Vector3.up * 0.5f, "-" + num);
        //如果血量为空，死亡
        if (hp <= 0)
        {
```

```
            //给玩家添加史莱姆溶液
            InventoryManager.Instance.AddItem(1002);
            //提示信息
            InfoPanelControl.Instance.ShowInfo("系统:获得一个史莱姆溶液!");
            //播放死亡特效
            Instantiate(DiePre, transform.position, Quaternion.identity);
            //销毁自己
            Destroy(gameObject);
        }
        else
        {
            //播放攻击特效
            Instantiate(HitPre, transform.position, Quaternion.identity);
        }
    }
}
```

05 除此之外,因为这里是与普通敌人分开写的脚本,所以如果希望攻击生效,还需要修改攻击脚本。双击Attack1State脚本并修改代码。

```
using System;
using System.Collections;
using System.Collections.Generic;
using UnityEngine;

public class Attack1State : StateBase
{
    //是否允许产生伤害
    private bool triggerHit;

    private void OnEnable()
    {
        //允许伤害
        triggerHit = true;
        //设置结束时间
        finishTime = 1f;
        //设置后摇时间
        changeTime = 0.6f;
        //设置自动结束该状态
        autoFinish = true;
        //播放重攻击动画
        animator.SetBool("Attack1", true);
    }

    private void OnDisable()
    {
```

```csharp
    //停止重攻击动画
    animator.SetBool("Attack1", false);
}

//触发伤害
private void Hit()
{
    //获取周围物体
    Collider[] colliders = Physics.OverlapSphere(player.transform.position, 2);
    //筛选敌人
    foreach (var collider in colliders)
    {
        //获取敌人脚本
        EnemyControl enemy = collider.GetComponent<EnemyControl>();
        //如果不为空，证明是敌人
        if (enemy != null)
        {
            //获取敌人向量
            Vector3 dir = enemy.transform.position - player.transform.position;
            //获得敌人和玩家角度
            float angle = Vector3.Angle(player.transform.forward, dir) * 2;
            //如果在前方90度攻击范围
            if (angle > 90)
            {
                //敌人受到伤害
                enemy.GetHit(player.Attack);
            }
        }
        //获取BOSS脚本
        BOSSControl boss = collider.GetComponent<BOSSControl>();
        //如果不为空，证明是boss
        if (boss != null)
        {
            //获取BOSS向量
            Vector3 dir = boss.transform.position - player.transform.position;
            //获得BOSS和玩家角度
            float angle = Vector3.Angle(player.transform.forward, dir) * 2;
            //如果在前方90度攻击范围
            if (angle > 90)
            {
                //BOSS受到伤害
                boss.GetHit(player.Attack);
            }
        }
    }
```

```csharp
    }

    protected override void Update()
    {
        base.Update();
        //播放动画并延迟触发伤害
        if (finishTime < 0.4f && triggerHit == true)
        {
            //触发伤害
            triggerHit = false;
            Hit();
        }
        //如果倒计时到达
        if (finishTime <= 0)
        {
            //切换到站立状态
            ChangeState<IdleState>();
        }
        //如果后摇可取消,并再次按攻击键
        if (changeTime <= 0 && InputManager.Instance.Attack1)
        {
            //进行2次攻击
            ChangeState<Attack2State>();
        }
    }
}
```

06 双击Attack2State脚本,并修改代码。

```csharp
using System;
using System.Collections;
using System.Collections.Generic;
using UnityEngine;

public class Attack2State : StateBase
{
    //是否允许产生伤害
    private bool triggerHit;

    private void OnEnable()
    {
        //允许伤害
        triggerHit = true;
        //设置结束时间
        finishTime = 1f;
        //设置后摇时间
        changeTime = 0.6f;
```

```csharp
    //设置自动结束该状态
    autoFinish = true;
    //播放重攻击动画
    animator.SetBool("Attack2", true);
}

private void OnDisable()
{
    //停止重攻击动画
    animator.SetBool("Attack2", false);
}

//触发伤害
private void Hit()
{
    //获取周围物体
    Collider[] colliders = Physics.OverlapSphere(player.transform.position, 2);
    //筛选敌人
    foreach (var collider in colliders)
    {
        //获取敌人脚本
        EnemyControl enemy = collider.GetComponent<EnemyControl>();
        //如果不为空，则证明是敌人
        if (enemy != null)
        {
            //获取敌人向量
            Vector3 dir = enemy.transform.position - player.transform.position;
            //获得敌人和玩家的角度
            float angle = Vector3.Angle(player.transform.forward, dir) * 2;
            //如果在前方90度攻击范围
            if (angle > 90)
            {
                //敌人受到伤害
                enemy.GetHit(player.Attack * 2);
            }
        }
        //获取BOSS脚本
        BOSSControl boss = collider.GetComponent<BOSSControl>();
        //如果不为空，则证明是BOSS
        if (boss != null)
        {
            //获取BOSS向量
            Vector3 dir = boss.transform.position - player.transform.position;
            //获得BOSS和玩家角度
            float angle = Vector3.Angle(player.transform.forward, dir) * 2;
```

```csharp
            //如果在前方90度攻击范围
            if (angle > 90)
            {
                //BOSS受到伤害
                boss.GetHit(player.Attack);
            }
        }
    }
}

protected override void Update()
{
    base.Update();
    //播放动画并延迟触发伤害
    if (finishTime < 0.4f && triggerHit == true)
    {
        //触发伤害
        triggerHit = false;
        Hit();
    }
    //如果倒计时到达
    if (finishTime <= 0)
    {
        //切换到站立状态
        ChangeState<IdleState>();
    }
    //如果后摇可取消，并再次按攻击键
    if (changeTime <= 0 && InputManager.Instance.Attack1)
    {
        //进行2次攻击
        ChangeState<Attack3State>();
    }
}
}
```

07 双击Attack3State脚本，并修改代码。

```csharp
using System;
using System.Collections;
using System.Collections.Generic;
using UnityEngine;

public class Attack3State : StateBase
{
    //是否允许产生伤害
    private bool triggerHit;

    private void OnEnable()
```

```csharp
{
    //允许伤害
    triggerHit = true;
    //设置结束时间
    finishTime = 1f;
    //设置自动结束该状态
    autoFinish = true;
    //播放重攻击动画
    animator.SetBool("Attack3", true);
}

private void OnDisable()
{
    //停止重攻击动画
    animator.SetBool("Attack3", false);
}

//触发伤害
private void Hit()
{
    //获取周围物体
    Collider[] colliders = Physics.OverlapSphere(player.transform.position, 2);
    //筛选敌人
    foreach (var collider in colliders)
    {
        //获取敌人脚本
        EnemyControl enemy = collider.GetComponent<EnemyControl>();
        //如果不为空，证明是敌人
        if (enemy != null)
        {
            //获取敌人向量
            Vector3 dir = enemy.transform.position - player.transform.position;
            //获得敌人和玩家的角度
            float angle = Vector3.Angle(player.transform.forward, dir) * 2;
            //如果在前方90度攻击范围
            if (angle > 90)
            {
                //敌人受到伤害
                enemy.GetHit(player.Attack * 2);
            }
        }
        //获取BOSS脚本
        BOSSControl boss = collider.GetComponent<BOSSControl>();
        //如果不为空，则证明是BOSS
        if (boss != null)
```

```
        {
            //获取BOSS向量
            Vector3 dir = boss.transform.position - player.transform.position;
            //获得BOSS和玩家角度
            float angle = Vector3.Angle(player.transform.forward, dir) * 2;
            //如果在前方90度攻击范围
            if (angle > 90)
            {
                //BOSS受到伤害
                boss.GetHit(player.Attack);
            }
        }
    }

    protected override void Update()
    {
        base.Update();
        //播放动画并延迟触发伤害
        if (finishTime < 0.4f && triggerHit == true)
        {
            //触发伤害
            triggerHit = false;
            Hit();
        }
        //如果倒计时到达
        if (finishTime <= 0)
        {
            //切换到站立状态
            ChangeState<IdleState>();
        }
    }
}
```

08 双击Attack4State脚本，并修改代码。

```
using System;
using System.Collections;
using System.Collections.Generic;
using UnityEngine;

public class Attack4State : StateBase
{
    //是否允许产生伤害
    private bool triggerHit;

    private void OnEnable()
```

```csharp
{
    //允许伤害
    triggerHit = true;
    //设置结束时间
    finishTime = 1.1f;
    //设置自动结束该状态
    autoFinish = true;
    //播放重攻击动画
    animator.SetBool("Attack4", true);
}

private void OnDisable()
{
    //停止重攻击动画
    animator.SetBool("Attack4", false);
}

//触发伤害
private void Hit()
{
    //获取周围物体
    Collider[] colliders = Physics.OverlapSphere(player.transform.position, 2);
    //筛选敌人
    foreach (var collider in colliders)
    {
        //获取敌人脚本
        EnemyControl enemy = collider.GetComponent<EnemyControl>();
        //如果不为空,证明是敌人
        if (enemy != null)
        {
            //获取敌人向量
            Vector3 dir = enemy.transform.position - player.transform.position;
            //获得敌人和玩家角度
            float angle = Vector3.Angle(player.transform.forward, dir) * 2;
            //如果在前方90度攻击范围
            if (angle > 90)
            {
                //敌人受到伤害
                enemy.GetHit(player.Attack * 3);
            }
        }
        //获取BOSS脚本
        BOSSControl boss = collider.GetComponent<BOSSControl>();
        //如果不为空,则证明是BOSS
        if (boss != null)
```

```csharp
        {
            //获取BOSS向量
            Vector3 dir = boss.transform.position - player.transform.position;
            //获得BOSS和玩家角度
            float angle = Vector3.Angle(player.transform.forward, dir) * 2;
            //如果在前方90度攻击范围
            if (angle > 90)
            {
                //BOSS受到伤害
                boss.GetHit(player.Attack);
            }
        }
    }
}

protected override void Update()
{
    base.Update();
    //播放动画并延迟触发伤害
    if (finishTime < 0.4f && triggerHit == true)
    {
        //触发伤害
        triggerHit = false;
        Hit();
    }
    //如果倒计时到达
    if (finishTime <= 0)
    {
        //切换到站立状态
        ChangeState<IdleState>();
    }
}
}
```

09 至此，角色就能与BOSS进行战斗。当击败BOSS，可以获得道具"龙牙"并完成任务三。注意，风暴龙在默认情况下是不显示的，只有任务二完成后才会显示，所以需要修改任务二的脚本。双击打开Task2脚本，并修改代码。

```csharp
using System.Collections;
using System.Collections.Generic;
using UnityEngine;
using UnityEngine.Playables;

public class Task2 : TaskBase
{
    //关联Timeline物体
```

```csharp
public PlayableDirector timeline;
//关联风暴龙物体
public GameObject BOSS;

//开始任务
public override void StartTask()
{
    //判断当前是否完成杀怪任务
    if (InventoryManager.Instance.GetItem(1002) != null && InventoryManager.Instance.GetItem(1002).count >=5)
    {
        //删除史莱姆溶液
        InventoryManager.Instance.RemoveItem(1002, 5);
        //更新当前完成的任务记录
        FinishID = ID;
        //系统提示
        InfoPanelControl.Instance.ShowInfo("系统：击杀史莱姆任务已完成！");
        //播放世界通知
        ADPanelControl.Instance.ShowText("注意：风暴龙已出现，请尽快前去消灭！");
        //显示BOSS
        Invoke("ShowBOSS", 9f);
        //播放风暴龙过场动画
        timeline.Play();
    }
    //如果没有完成则显示任务
    else
    {
        //显示任务
        DialoguePanelControl.Instance.ShowContent(
            "守护者",
            "勇者啊，大陆曾经十分和平，但是风暴龙来了以后，现在整个大陆都面临危机。虽然想立刻让你帮忙击杀风暴龙，但是为了验证你的能力，请先击杀一些史莱姆，带回5个史莱姆溶液给我吧！");
        //系统提示
        InfoPanelControl.Instance.ShowInfo("系统：接收击杀史莱姆任务，需要获取5个史莱姆溶液！");
    }
}

//显示BOSS
void ShowBOSS()
{
    //风暴龙显示
    BOSS.SetActive(true);
}
```

10.5.3 流程验证

01 完整验证一下游戏流程。启动游戏，在NPC处领取第1个打水任务，如图10-78所示。
02 走到河边，打一桶水，如图10-79所示。

图10-78

图10-79

03 在NPC处回复打水任务，如图10-80所示。
04 在NPC处再次对话，接受第2个"获取史莱姆溶液"的任务，如图10-81所示。

图10-80

图10-81

05 击杀5只史莱姆，这里可以看到攻击史莱姆和史莱姆死亡时有不同特效，如图10-82和图10-83所示。

图10-82

图10-83

06 完成任务二后风暴龙出现，如图10-84所示。在NPC处领取最后的任务，如图10-85所示。

图10-84

图10-85

07 与BOSS发生战斗，如图10-86所示。击杀BOSS获取龙牙，如图10-87所示。

图10-86

图10-87

08 回复任务，完成整个游戏流程，如图10-88所示。

图10-88

> **技巧提示** 游戏制作完成后，需要注意调整游戏中的各种参数，以使其更适合需求。例如，敌人与玩家的攻击速度、移动速度、冷却时间、攻击力和镜头移动速度等参数，都需要进行适当的修改。只有在数值调整合适的情况下，游戏才能更加出色。此外，随着游戏功能的增加，扩展性和Bug问题也会增加。因此，在有时间的情况下，应该进行扩展。通过制作更多任务和敌人，可以更加熟练地掌握技术，并对游戏开发有更深入的了解。最后，祝愿读者能够成功制作出属于自己的游戏。